彩图版 樱桃省力化整形修剪七日通

张晓明　张开春　◎　主编

中国农业出版社
北　京

图书在版编目（CIP）数据

彩图版樱桃省力化整形修剪七日通 / 张晓明，张开春主编．—北京：中国农业出版社，2021.6(2024.1重印)
（彩图版果树整形修剪七日通丛书）
ISBN 978-7-109-28018-2

Ⅰ．①彩…　Ⅱ．①张…　②张…　Ⅲ．①樱桃－修剪－图解　Ⅳ．①S662.5-64

中国版本图书馆CIP数据核字(2021)第043095号

中国农业出版社出版
地址：北京市朝阳区麦子店街18号楼
邮编：100125
责任编辑：黄　宇
版式设计：杜　然　　责任校对：吴丽婷
印刷：北京通州皇家印刷厂
版次：2021年6月第1版
印次：2024年1月北京第2次印刷
发行：新华书店北京发行所
开本：880mm × 1230mm　1/32
印张：2.75
字数：70千字
定价：25.00元

主　　编　张晓明　张开春

参编人员　闫国华　王　晶　周　宇　段续伟

李艳林

插　　图　李艳林

目录

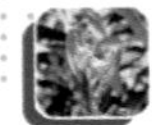

第一天
樱桃省力化整形修剪的基础知识

一、什么是整形修剪？

整形通俗地讲就是整出树形，是指在樱桃树的幼龄期，依据生长结果特性、果园的立地条件、使用的砧木以及果园的管理方法和经营目标，通过修剪枝干，将其修整成特定的形状和结构的技术措施。通过整形可以使树体结构和框架布局合理，生长健壮，发育均衡，并保证果园和树体的通风透光，以提高果园的生产效率和经济寿命，实现早果、优质、丰产、稳产的栽培效果。

修剪是通过人工技术如短截、摘心、疏枝、回缩等或化学药剂，对果树的枝干进行处理，促进或控制果树新梢的生长、分枝或改变生长角度，造出符合果树生长结果习性或有观赏价值的树形，以调节或控制果树生长和结果的技术。

整形与修剪的结合，称为整形修剪。两者相辅相成，整形的目标是培养特定树形的骨干结构，修剪则是调整枝条的生长和结果。整形依靠修剪才能达到目的，修剪只有在合理整形的基础上才能充分发挥作用。

二、樱桃树自然生长的特性

要对樱桃树进行合理的整形修剪，首先要了解樱桃树自然生长的特性。自然生长的樱桃树属于高大乔木，树体高度可达到18米以上。典型的生长特性表现为：一是长势强旺，加粗快，垂直生长优

势强。在北方落叶果树中，自然生长的甜樱桃幼树新梢当年可生长2米多长（图1-1），粗度可达到3厘米。枝条偏向上垂直生长，易抱合。二是顶端优势强烈，成枝力低。甜樱桃树主要在上年生枝先端萌发几个长枝，中下部位难以新生枝条及果枝，枝条加粗后这些部位容易光秃。三是枝条基部夹角小。甜樱桃树枝条基部夹角小，易劈裂和感染病害，枝条往往保持直立生长的趋势，长势不易缓和，形成花芽难。

图1-1　甜樱桃树自然生长状况

三、樱桃省力化整形修剪的发展趋势

（一）果园结构由注重个体向群体转化

由于劳动力缺乏、成本增加以及早果丰产、稳产优质的需要，樱桃栽培方式需要进行变革，而矮化砧木和新型果园机械的研发进步为这种变革提供了基础。现代樱桃栽培发展的总体趋势是由传统的大冠稀植模式（图1-2）向小树体高密度模式转变。栽植密度由低到高，树冠由大变小，由高变矮。树冠形状由圆到扁，叶幕由厚变薄，树体结构越来越平面化，由三维立体结构向近似于二维平面结构转变。果园由注重

图1-2　大冠稀植果园

单株个体培育向群体培养转化，将整行树作为一个结果群体来进行管理，变成一个整体的、高效的生产系统（图1-3、图1-4）。

图1-3　双篱壁形果园

图1-4　UFO形果园

（二）树体结构由复杂向简单转化

树体结构主要的变化是级次减少，骨干枝数量由多变少（图

1-5、图1-6)，极差加大。传统的树体结构一般分层排布，分5个级次：领导干—主枝—侧枝—结果枝组—结果枝。骨干枝数量多、骨架大、个体占地面积大，在主枝上再培养侧枝、结果枝组等，培养技术要求繁杂，不易掌握。

现代树体结构一般分3个级次：中心干—结果枝组—结果枝。主枝减少，甚至消失，代之以结果枝组，树体总体由粗大向细小转变。图1-7示主枝与中心干极差小，图1-8示主枝与中心干极差大。

图1-5　骨干枝数量多、级次多

图1-6　骨干枝数量少、级次少

图1-7　主枝粗大，与中心干极差小

图1-8　主枝与中心干极差大

（三）整形修剪技术由繁杂向简单转化

传统果树整形修剪涉及骨干枝、结果枝组培养，讲究树体平衡、枝类平衡、主从关系等，要求十分繁杂，对树体生长发育规律要有清晰的认识，一般需要几年时间的培养，修剪工人才能掌握。修剪方法重视短截和回缩，轻视缓放和疏枝，修剪时间重冬剪轻夏剪。用工量大，工作效率低下。

图1-9　传统的人工修剪

现代果园更重视群体，树体结构简化，整形修剪技术也由复杂修剪向简化修剪转变，由冬季修剪向四季修剪转变，由传统的人工修剪（图1-9）向人工辅以机械（图1-10、图1-11）和化学修剪转变，用工量少，工作效率高（图1-12）。

图1-10　多功能自走式作业平台

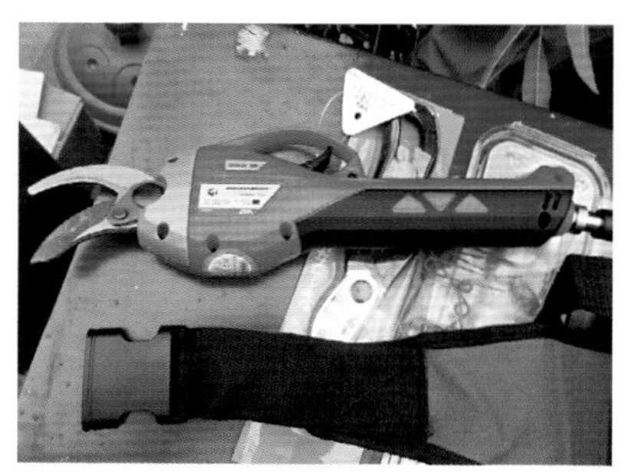

图1-11　电动修枝剪

图1-12　树顶部机械修剪效果

四、樱桃树形的演变和发展

传统上，樱桃的树形主要有具中心领导干的主干疏层形、有主干的自然开心形和无主干的丛状形。这些树形缺点是树冠冠幅大、修剪技术复杂、结果晚、用工量大。随着樱桃产业的发展和矮化密植技术推广，一些新树形不断演化出来，如具中心领导干形（central leader）的小冠疏层形、纺锤形、改良纺锤形等。小冠疏层形主干高60厘米左右，主枝5 ～ 8个，分2 ～ 3层，树高3.5米左右，树冠半圆形；第一层主枝2 ～ 3个，留1 ～ 2个侧枝；第二层主枝2 ～ 3个，2个主枝时留1个侧枝；第三层不留侧枝。纺锤形主枝一般10个以上，不具侧枝，分层或不分层,树冠呈纺锤形、圆柱形或塔形。改良纺锤形是其他树形和纺锤形结合的产物，如基部三主枝改良纺锤形。大连地区的改良疏层形是小冠疏层形通过增加第一层和第二层的主枝数量，而取代侧枝的整形方法。

近年来，为了适应省工、机械作业和规模化种植的需要，试验了一些树冠窄、冠径小的树形。这些树形结构简单、技术容易掌握、标准化程度高。如具有中心领导干的高纺锤形（TSA，tall spindle axe）和超细纺锤形（SSA，super spindle axis），中心领导干上没有永久性主枝，而是直接着生结果枝组，二者的区别在于结果枝组的大小不同而已。多领导干树形，能有效分散树势，如双干形（Bi-Axis）、三干形（Tri-Axis）。采用众多直立的大型单

轴延伸结果枝组取代永久性领导干，演变出UFO（upright fruiting offshoot）和KGB（kym green bush）树形。SSA、UFO等由于树冠很窄，整行形成篱壁形，属于2D树形。将中心领导上水平分布的单轴延伸结果枝组，固定在篱架拉线上，就是水平结果枝篱壁形。

在修剪技术方面，不再强调“因树修剪，随枝作形”，修剪规则越来越简化，修剪机械开始试用，绿篱机对2D树形的夏季摘心试验也在进行中。

五、樱桃树形的分类

根据有无主干可以分为有主干树形和无主干树形（图1-13）。无主干树形因主枝和枝组离地面太近，对田间作业影响大，并且近地面处温度等变化剧烈，开花结果性能较差，现代果园已经不再采用。

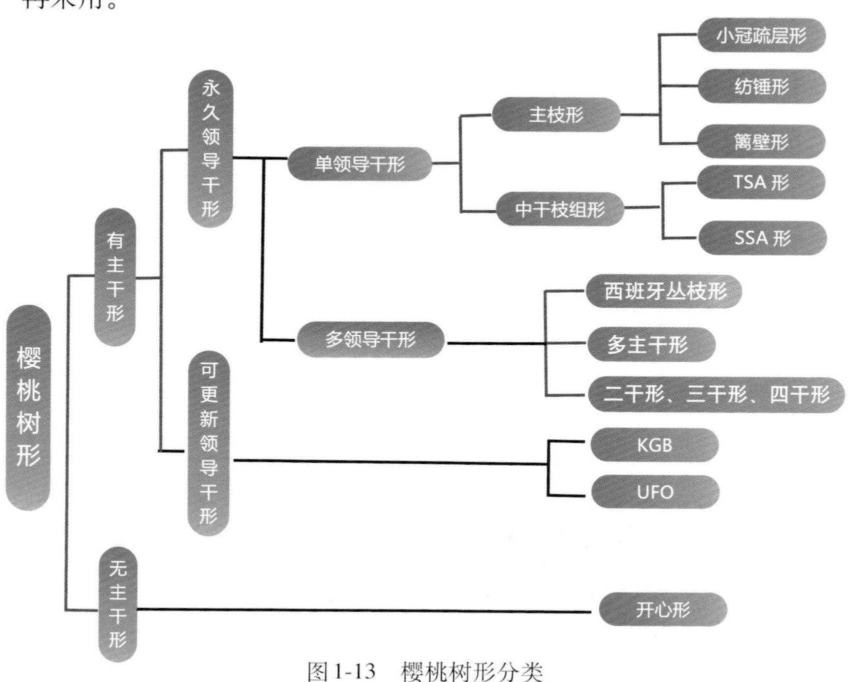

图1-13　樱桃树形分类

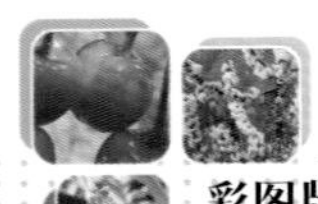

有主干形分为永久领导干形和可更新领导干形，永久领导干形又根据领导干的多少，分单领导干形和多领导干形。领导干上着生永久性主枝的树形有主干疏层形、纺锤形等，领导干上直接着生结果枝组的为领导干枝组形，单领导干的，就是中干枝组形。领导干枝组形和可更新领导干形是现代树形的发展趋势，包括SSA、KGB、UFO等。

根据树体的叶幕宽度分为3D和2D树形。小冠疏层形、纺锤形、KGB、开心形、杯状形等树形属于3D树形，叶幕宽度因株行距的不同而不同，一般在1米以上。SSA、UFO、窄纺锤形（NSA, narrow spindle axe）等属于2D树形，树冠平面化，叶幕宽度一般不超过1米。

六、樱桃省力化整形修剪必须了解的名词术语

图1-14示樱桃树体结构。

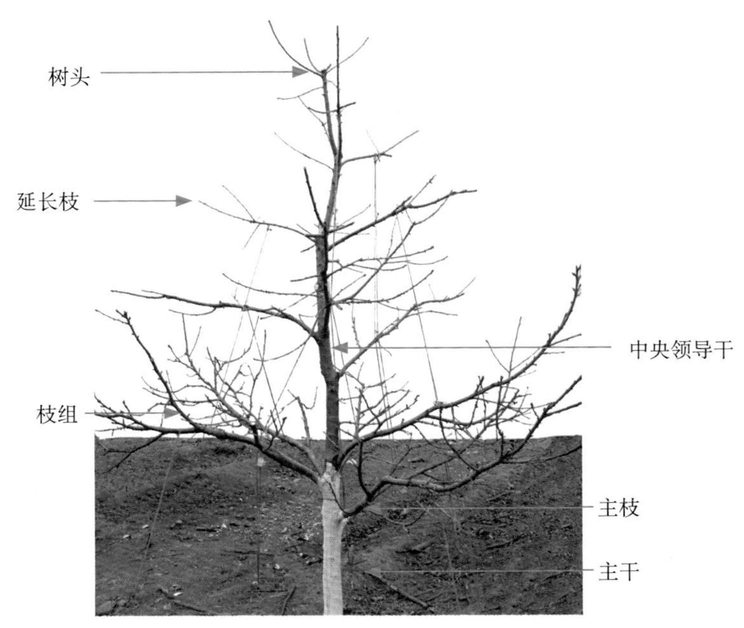

图1-14　樱桃树体结构

1. 主干　从根颈以上到着生第一个分枝部位的树干。

2. 树冠　主干以上的整个树体部分。树冠由各种枝类组成，分为中心干、主枝、侧枝、发育枝、结果枝等。

3. 中央领导干　主干以上到树顶之间，在树冠中心向上直立生长的骨干枝，又称为“中心干”。

4. 树头　树顶端最高部位叫树头。

5. 主枝　中央领导干上直接着生的分枝，是树冠的主要骨架。

6. 侧枝　从主枝上分生出来的，具有一定位置、方向和角度的最末一级骨干枝。

7. 骨干枝　中央领导干、主枝、侧枝都是树冠的骨架，称为“骨干枝”。

8. 背上枝　在水平枝或斜生枝背上萌发的枝条，多直立生长，这一类枝条称为“背上枝”（图1-15）。

图1-15　背上枝（红色箭头指示处）

9. 徒长枝　一般由潜伏芽萌发而成，直立且生长旺盛不健壮且不易成花的枝条称为“徒长枝”（图1-16）。

图1-16　徒长枝（红色箭头指示处）

10. 竞争枝　与剪口下拟培养为中干的枝粗度、长势近似的枝条，通常为第二芽枝、第三芽枝。此类枝条处理不当，往往扰乱樱桃的树形（图1-17）。

图1-17　竞争枝（红色箭头指示处）

11. 发育枝　所有侧芽和顶芽都是叶芽的一年生枝条称“发育枝”（图1-18）。

图1-18　发育枝（红色箭头指示处）

12. 结果枝　着生花芽的，并能正常开花结果的枝条称为“结果枝”。樱桃的结果枝按长度的不同可分为混合果枝、长果枝、中果枝、短果枝和花束状果枝（图1-19）。

长果枝　　中果枝

短果枝　　　　　花束状果枝

图1-19　结果枝

混合果枝：混合果枝长度在30厘米以上，除基部几个芽为花芽外，其余全部为叶芽。

长果枝：长度15 ～ 30厘米，基部侧芽为花芽，顶芽及中上部芽均为叶芽。结果后，基部光秃，上部则继续抽生不同长度的果枝。是初果期树主要结果部位。

中果枝：长度5 ～ 15厘米。易发枝品种容易产生。

短果枝：长度在5厘米左右，除顶芽为叶芽外，其余芽均为

花芽。在易发枝品种二年生枝中部较多，花芽质量高，坐果力强，果实品质好。

花束状果枝：长度极短，年生长量极少，除顶芽为叶芽外，其余芽均是花芽。节间极紧凑，芽密集簇生，是甜樱桃树盛果期时的最主要结果枝类型，花芽质量好，坐果率高，是丰产稳产的保障。花束状果枝寿命可维持7 ～ 10年以上。

13. 结果枝组　由若干个结果枝组成的组合结果单位称为“结果枝组”（图1-20至图1-22）。

（1）结果枝组按照性质分类

①单枝结果枝组。由1个结果枝组成的枝组。如花束状结果枝、中果枝或长果枝。

②单轴延伸结果枝组。由单个延长枝延伸形成细长形的生长轴，轴上分布结果枝。分为鞭竿型结果枝组、鱼刺形结果枝组。

图1-20　鞭竿形结果枝组

图1-21　鱼刺形结果枝组

图1-22　多轴延伸结果枝组

③多轴结果枝组。又称混合结果枝组，由多个延长枝延伸形成的结果枝组。

（2）按大小可分为大型结果枝组、中型结果枝组、小型结果枝组。

①大型。从枝组着生部位开始，延伸到最远端的距离在1.5米以内为宜（图1-23）。

图1-23　大型结果枝组

②中型。从枝组着生部位开始，延伸到最远端的距离80～100厘米（图1-24）。

图1-24　中型结果枝组

③小型。从枝组着生部位开始，延伸到最远端的距离40～50厘米（图1-25）。

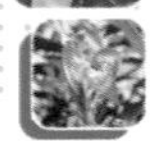

图1-25　小型结果枝组

14. 芽的早熟性　樱桃当年新梢上的芽在生长季刺激后能继续萌发形成二次分枝和三次分枝，这种特性称为芽的早熟性（图1-26）。利用芽的早熟性，可通过夏剪加速整形，增加枝量，提早进入结果期。

图1-26　芽的早熟性

15. 芽的异质性　在樱桃一年生枝的上、中、下不同部位着生的芽，其大小和饱满程度均有差异，这种差别叫"芽的异质性"（图1-27）。芽的异质性和修剪关系密切，骨干枝延长头一般剪到饱满芽处，有利于形成壮枝，促进树冠扩大；而剪到春秋梢交界处或新梢基部瘪芽处，则能有效地削弱枝条长势，促进早结果。

16. 潜伏芽　又称隐芽。樱桃的芽形成后一般可于当年或次年萌发。但有些芽因营养不足或其他原因而不能萌发，处于潜伏状态，这类芽叫潜伏芽（图1-28）。潜伏芽受刺激后，可以萌发抽生枝条，可用于补充枝条以及老树的更新复壮。因树龄和管理水平不同，潜伏芽的寿命长短也不一样，樱桃潜伏芽寿命长的可达17年。

图1-27　芽的异质性

图1-28　潜伏芽

17. 顶端优势　顶端的芽萌发抑制其下方侧芽萌发生长的现象，樱桃顶端优势强，整形修剪中处理不当，容易造成“上强”现象，即树体上部生长明显强于下部。

18. 级次　1株树或一个分枝分杈的次数。樱桃修剪应尽量减少级次。

19. 极差　枝条及其着生枝之间粗度的差别（图1-29），一般也称为粗度比或枝干比。主干形树形整形修剪时应尽可能拉大主枝与中心干的极差，中心干要粗壮，其上着生的主枝应较细，与中心干的比值应达到1∶（3～5），甚至更大。

图1-29　主枝与中心干极差大

20. 树势　树体总的生长状态体现，包括发育枝的长度、粗度、各类枝的比例、花芽的数量和质量等。樱桃整形修剪要努力做到保持树势中庸，一般盛果期树外围枝条长度平均25厘米左右，不弱不旺，持续丰产。

七、樱桃省力化整形修剪要处理好的几种关系

（一）单株个体结构与果园群体结构的关系

个体结构是单株樱桃树中骨干枝不同的排列情况，群体结构是指果园中果树整体的栽植密度和排布方式。二者是个体与群体、局部与整体的有机关系。群体小，即栽植密度小，株行距大，个体就有充足的生长空间；群体大，栽植密度大，株行距小，则个

体的生长必然受到抑制。因此，整形修剪要根据不同的栽植密度进行，果园的株行距决定了目标树形和整形修剪方式。株行距大的稀植果园整形主要考虑个体的发展（图1-30），采用三维结构的大冠树形，如传统的小冠疏层形、开心形、多主干形等，在早期应以促为主，增加枝量，快速占满空间，骨干枝多，级次多，强调树冠结构合理，层次分明，同类枝势力均衡；株行距中等的果园要平衡个体与群体的关系（图1-31），采用较小的三维结构树冠，如改良

图1-30　稀植果园注重个体

图1-31　中等密度果园个体与群体要注意平衡

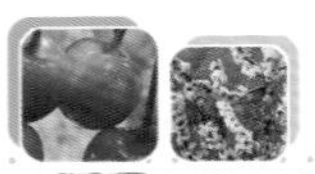

纺锤形、丛枝形、V形等，早期注重个体的发展，让树体尽快成形，后期则注意控制树冠，维护个体的合理空间的同时保证群体的结构合理，防止果园郁闭；株行距小的矮化密植果园整形则主要考虑群体的发展（图1-32），采用接近二维结构的扁平小冠树形，如细长纺锤形、UFO形、篱壁形等，着重调节整体的叶幕结构，要求个体服从群体，骨干枝少，级次少，叶幕扁平化。

图1-32　矮砧高密度果园注重群体

（二）地上部与地下部的关系

地上部与地下部的关系即地上部树冠枝叶与地下部根系之间的根冠关系。“根深叶茂”，两者之间是具有相互依赖和反馈作用的一种相对平衡的供求关系，通过整形修剪能够调节果树地上部和地下部的动态平衡。枝叶通过光合作用制造根系生长需要的有机营养与能源，而根系则从土壤中吸收枝叶光合作用和其他营养合成所必需的各种矿质元素和水分等原料。二者任何一方受到损伤，都会破坏供求上的平衡关系，削弱另一方的生长。樱桃生长量大，对于乔化砧木果园，国外常通过根系修剪的办法来控制地

上部的生长。而对于根系不发达的矮化砧木果园，常需要冬季重剪来促发长条，增加生长季枝叶量，以促进根系的生长。传统修剪以冬剪为主，冬季养分多贮藏在树干和根系中，对乔砧树体越多采用短截、回缩、疏除大枝等重剪措施，则对树体地上部和地下部的平衡破坏越大，萌发的大条也越多，最终造成树冠郁闭、只长条不结果的局面（图1-33）。省力化修剪技术注重夏季修剪，修剪手法上多疏少截，单次修剪量轻，尤其生长季的修剪剪去部分枝叶，则直接削弱对应的根系，能够尽可能的维持树体地上部与地下部的平衡，达到平衡树势、稳定结果的目的（图1-34）。

图1-33　重剪长条不结果

图1-34　轻剪平衡花果多

（三）生长与结果的关系

生长与结果的关系是指处理好营养器官与生殖器官之间的关系，通过调节树体内营养物质的运转与分配，均衡树体各组织器官的势力。营养器官生长过旺，则与生殖器官形成养分竞争，最终影响到花芽分化以及果实发育，只长条不结果（图1-35）；而营养器官生长过弱，树体营养制造和积累不足，也会使生殖器官营养缺乏，导致花芽弱小，坐果率低，果实品质低下（图1-36）。整形修剪的主要作用就是使营养生长和生殖生长达到相对平衡，保证树势中庸偏强，持续丰产和优质。

图1-35 营养生长旺，满树大条不成花

樱桃树幼树期以营养生长为主，此期树体生长强旺，既要保证一定的生长量尽早形成合理的树形，还要注意控制枝条旺长、徒长。因此，修剪时要采取适宜的修剪量，在对骨

图1-36 营养生长弱导致成花过多、坐果不良，树体生长受影响

干延长枝适度短截，保证骨架形成的前提下，尽量轻剪缓放，采取刻芽、摘心等多种措施增加枝叶量，分散单个枝条的长势，使树体尽快形成花芽，进入结果期。盛果期树则要保证营养生长和生殖生长达到相对平衡。树体生长过旺、花芽分化少时，修剪上要尽量缓和枝干的生长势，多留花；树体生长过弱、花芽分化多时，要通过短截和回缩等修剪手段，刺激营养生长，同时通过疏花疏果减少树体的负载量。衰老期树则要注重恢复树势，加强土肥水管理，促进营养生长，加重回缩大枝，进行局部更新，选留壮枝带头，促进树冠恢复。

（四）树体整体与局部的关系

樱桃树的省力化修剪，必须着眼于树体整体，操作于局部，努力做到树势与枝势的基本平衡（图1-37）。确定了适宜的树形，就要根据该树形的整形要求做到整体骨架合理，枝条摆布均匀。整体骨架不合理，则枝条乱生，树冠郁闭；局部生长不均衡，则扰乱树形，影响整体。骨干枝、枝组、结果枝要级次分明，而同级骨干枝之间则要讲究平衡，做到枝干长度与粗度上的近似一致。

图1-37　骨干枝均衡，整体与局部协调

整形修剪具有增强局部长势、削弱整体生长量的双重作用。幼龄树冬季修剪，减少枝芽总量，使留下的枝叶获得更多的贮藏营养；夏季修剪，改善通风透光条件，使局部枝芽的营养水平提高，从而增强局部枝芽长势。所有这些都是修剪对果树局部的促

进作用。与此同时，修剪减少了全株的枝叶量，使树体光合产物总量暂时有所下降，从而对地上部和地下部的生长产生抑制，导致树体总生长量有所减弱，这就是修剪对整体的抑制作用。整形修剪时要充分理解其双重作用，在调整樱桃树整体与局部关系时，合理利用各种修剪手段。樱桃顶端优势强烈，容易出现上强外旺，应注意“抑强扶弱，合理促控”，达到树势均衡。

第二天
樱桃省力化修剪的基础方法

一、短截

短截指在休眠期剪去枝条的一部分。因短截时期、截留长短、全株剪截枝条数量的多少不同，对树体可产生改变新梢顶端优势，促发分枝，改变枝条生长方向和角度，调节各枝间的长势平衡，促进营养积累和成花结果等各种效果。因此，应根据修剪目的适时、适度、适量进行。根据剪留枝条长度，可将短截分为轻短截、中短截、重短截和极重短截。

轻短截：剪去枝条前端1/4 ～ 1/3，修剪较轻。与其他短截相比，轻短截削弱了母枝顶端优势，缓和了外围枝的生长势，增加了中短枝数量（图2-1）。

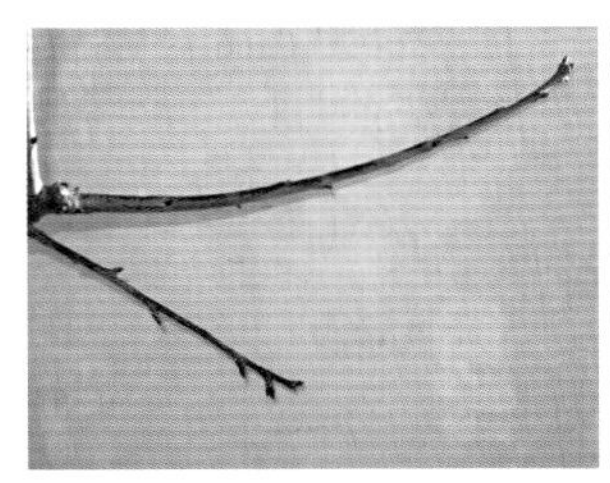

修剪前

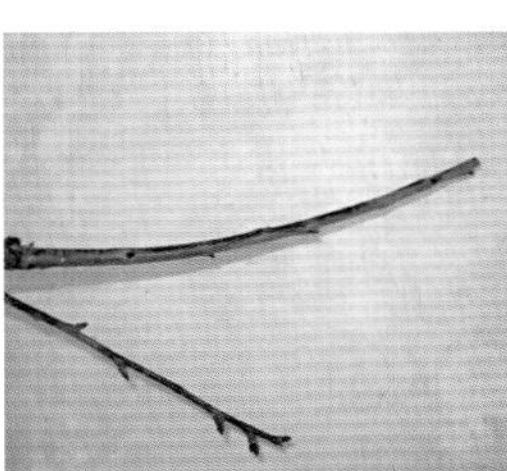

修剪后

修剪效果示例

图2-1　轻短截修剪前后及效果

中短截：剪去1/2左右，剪口下为饱满芽。能够刺激剪口下端的几个芽的生长，削弱母枝的顶端优势，提高成枝力，促发新梢，有利于扩大树冠（图2-2）。

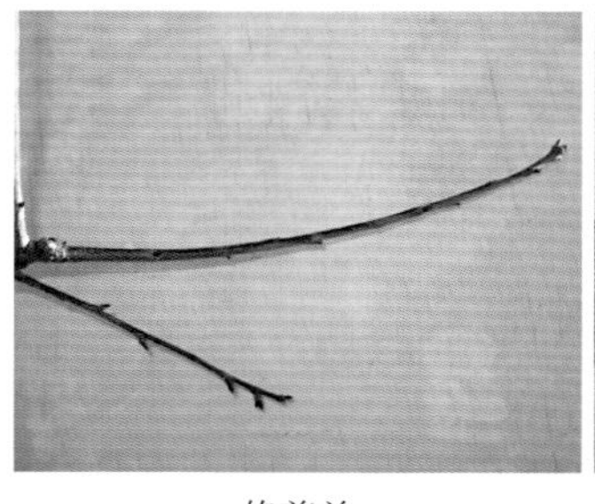
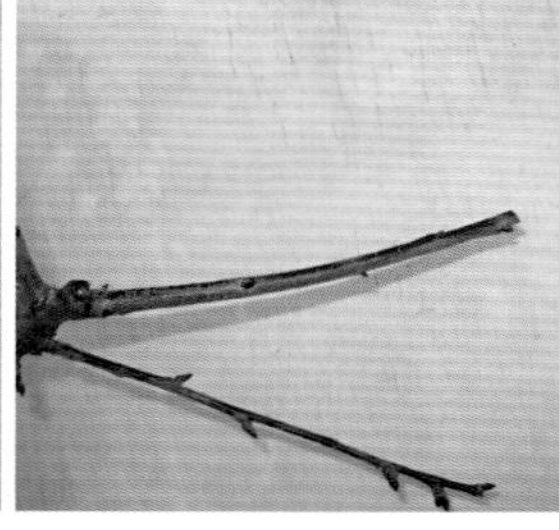

修剪前　修剪后　主枝延长头中短截效果

图2-2　中短截修剪前后及效果

重短截：剪去2/3，促发旺枝，增加营养枝和长果枝（图2-3）。

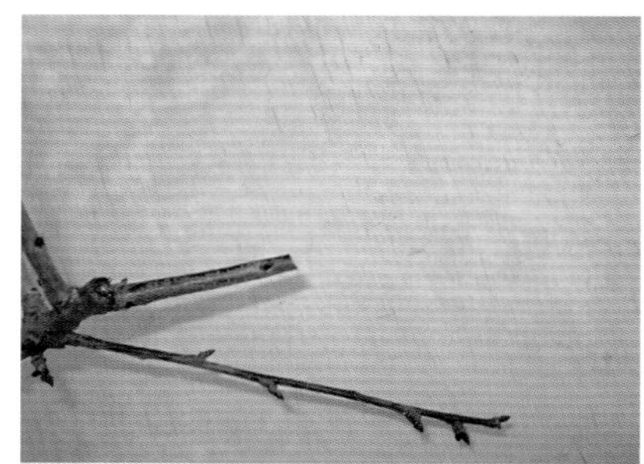

重短截　重短截效果示例

图2-3　重短截及效果示例

极重短截：一般剪留5厘米以内，仅保留基部瘪芽，瘪芽发育不良，抽生的新梢长势弱（图2-4）。

图2-4　极重短截效果

二、缓放

缓放也称长放、甩放，指对枝条不进行剪截，任其连年自然向前生长（图2-5）。樱桃幼树枝条进行缓放有助于缓和树势，促进花芽形成，增加花束状果枝和短果枝数量，形成鞭竿形结果枝组，提高早期产量。但强旺枝一味进行缓放，易出现加粗过快，后部光秃的现象，需注意结合刻芽和回缩，促进花芽形成（图2-6）。

图2-5　枝条连续甩放效果

图2-6　甩放结合刻芽促进花芽形成

三、疏枝

疏枝就是将枝条从基部疏除。疏枝能减少枝叶量，改善通风透光条件，促进花芽形成和提高果实品质。疏枝后对伤口上部枝梢有削弱作用，而对伤口下部枝条有促进生长的作用，类似于环剥的效果。因此，可以用疏枝的办法来控制上强。对于过旺枝、交叉枝、重叠枝、过低枝等扰乱树形的枝条及病虫枝从基部去掉，以利通风透光，防止内膛光秃（图2-7、图2-8）。

图2-7　疏除竞争枝

图2-8　疏除扰乱树形、影响通风透光的枝条

樱桃树伤口不易愈合，疏枝时一定尽早，并且不留残桩（图2-9、图2-10）。对于超过着生部位1/2以上粗度的粗大多年生枝，应先逐年进行多次回缩，最终于生长季疏除，以免造成难以愈合的伤口，影响树体的生长发育。多个大枝应逐年分次疏除，切忌一次疏除和对口疏除大枝。

图2-9　疏枝留残桩，伤口无法愈合

图2-10　疏枝不留残桩，伤口愈合良好

四、回缩

剪除多年生枝的一部分，称为回缩（图2-11）。回缩（图2-12、图2-13）有促进生长和更新复壮的效果，主要用于老树、衰弱树的骨干枝和枝组的更新复壮，可保持长势，延缓树体衰老。回缩伤口小，所留为壮枝壮芽，则促进生长；回缩所留伤口大，所留为弱枝弱芽，则抑制营养生长而利于成花结果。

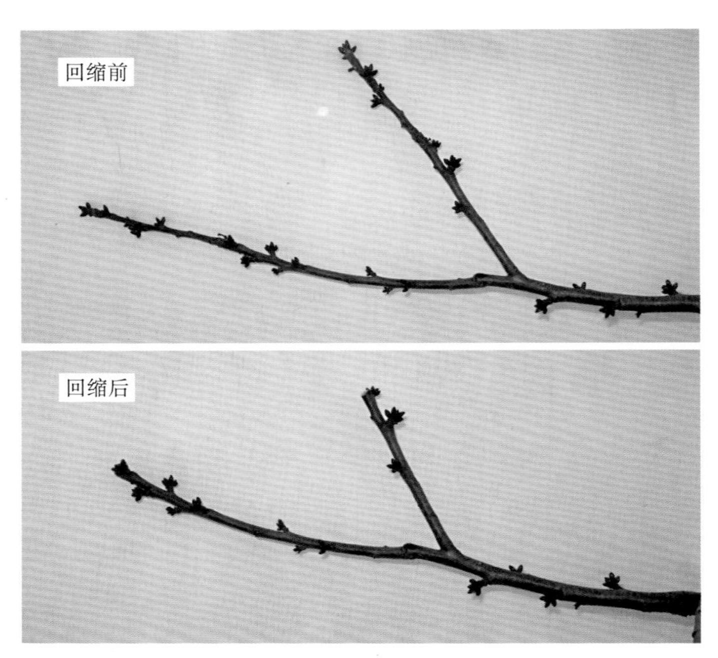

图 2-11　回缩前后

着生于中心干上过密的辅养枝，先逐步回缩后再疏除

图 2-12　大枝逐年回缩

图2-13　细长纺锤形主枝通过回缩更新，使树体紧凑，防止结果部位外移，保持树势

五、刻芽

刻芽是幼树促发分枝和促进成花的关键措施，于萌芽期，在上方刻伤，促进伤口下方芽的萌发和所抽生的新梢的生长（图2-14）。依刻芽数量、刻痕深度和长度的不同，刻芽能促发中长枝和花束状果枝。

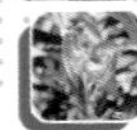

图2-14　刻芽（红线处示刻芽处）

图2-15、图2-16示刻芽的效果。

幼树中干刻芽促发分枝，增加骨干枝数量，枝条角度开张

图2-15　刻芽的效果

图2-16　壮枝刻芽促进花芽形成，增加产量

六、摘心和剪梢

摘心和剪梢均是生长季针对新梢的修剪措施，摘除新梢梢尖称为摘心，剪留到新梢半木质化部位称为剪梢。

摘心和剪梢和能抑制新梢的延长生长，增加新梢分枝（图2-17），促进新梢营养积累和成花。对于幼树整形，需培养侧枝和枝组，当骨干枝生长到60 ~ 80厘米时，去掉先端15 ~ 20厘米摘心，全年摘心2 ~ 3次，选留合适的新梢应用；培养单轴延伸骨干枝，可在新梢长至80厘米左右时进行轻摘心，抑制新梢生长，促进基部芽饱满，于9月初左右摘心，使新梢彻底停长，增加营养积累，增强越冬抗寒能力；培养枝组，新梢长至30 ~ 40厘米时，留20 ~ 30厘米反复摘心；背上枝可以极重摘心，长至10 ~ 15厘米时，留基部6 ~ 7片大叶摘心，可形成花芽（图2-18）。

图2-17　幼树摘心增加枝量（左：纺锤形整形；右：丛枝形整形）

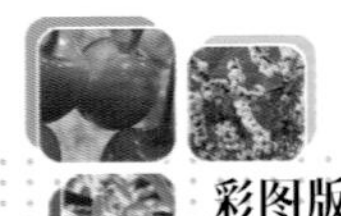

图2-18　背上枝留5 ～ 8片叶摘心形成花芽

七、开张角度

用绳拉、棍撑等办法将枝条的生长角度加大，以缓和生长势，

削弱顶端优势，促进下部枝条和芽的生长发育。拉枝开角还能够调节枝条布局，改善树体内膛的通风透光条件，促进内膛枝芽的发育。拉枝开角全年均可进行，一般在新梢生长至15 ~ 20厘米时用牙签、衣夹等撑开新梢的基角（图2-19），生长季可随枝条生长及时用重物、拉绳、开支器拿枝、拉枝（图2-20、图2-21）等措施保持枝条水平生长。一般在8月新梢生长减缓后用绳拉主枝中前部，固定主枝角度。

图2-19　牙签开角

图2-20　拿　枝

图2-21　拉　枝

第三天

学会小冠疏层形修剪

一、树体结构

小冠疏层形主干高50～60厘米，具中央领导干，树高3.0～3.5米，树冠呈半圆形（图3-1）。主枝6～8个，分2～3层；第一层主枝3～4个，留1～2个侧枝；第二层主枝2～3个，留1个侧枝；第三层主枝1～2个，不留侧枝。主枝和侧枝上着生结果枝组。层内各主枝间距10～20厘米，第1～2层主枝间层间距为70～80厘米。第2～3层主枝间层间距为60～70厘米。

图3-1　小冠疏层形树形

二、整形过程

（一）第一年

1. 夏季修剪

①定干80厘米（图3-2）。

②选顶部旺梢作为中心领导干，立竹竿绑缚，使其直立生长。其下的新梢长度达20厘米以上时用牙签、衣夹等撑开基角（图3-3）。

③当中心干延长枝长到80厘米时，留60厘米摘心，促发副梢。

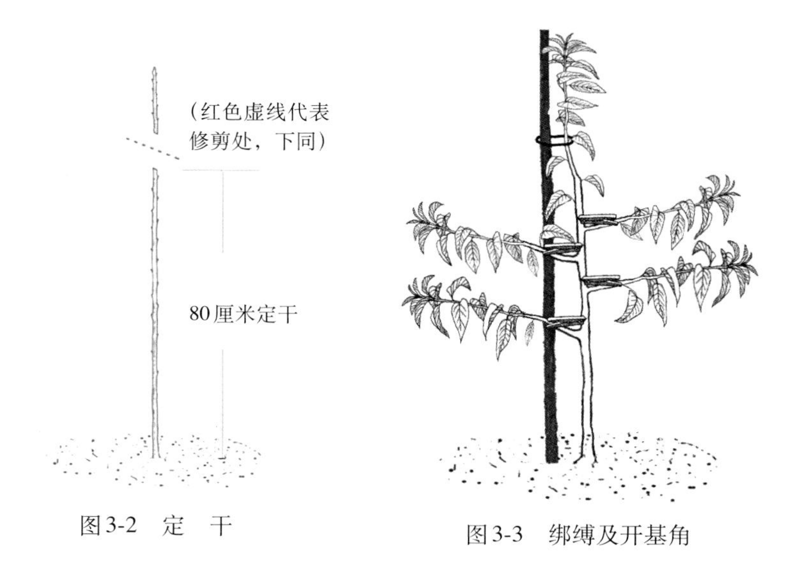

图3-2　定　干

图3-3　绑缚及开基角

2. 冬季修剪

①领导干延长枝在分枝之上留0.8 ~ 1.2米短截，在中下部需要培养主枝的部位刻芽。

②选择不同方位的主枝3 ~ 4个，将延长头短截至60厘米（图3-4）。

③疏除竞争枝，清除主干高度以下的枝条。辅养枝缓放或重短截。

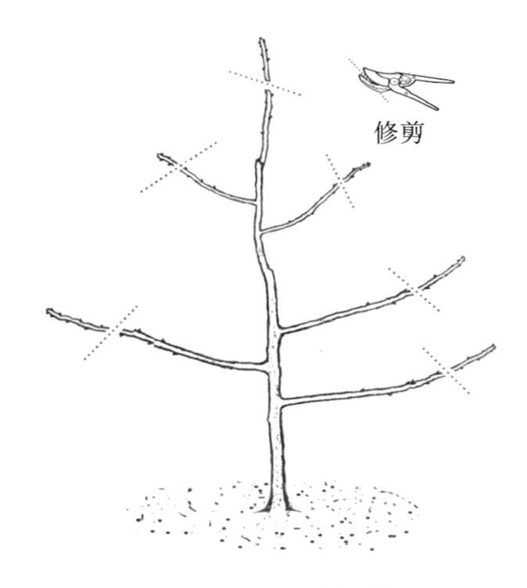

图3-4　延长头短截

（二）第二年

1. 夏季修剪

①选择健壮枝作为中心干延长枝，疏除竞争枝。

②当中心干延长枝长到80厘米时，留60厘米摘心（图3-5），促发副梢。

③中心干新萌发的新梢，长度达20厘米以上时用牙签、衣夹等撑开基角。

④选健壮梢为主枝延长枝，其后留侧枝1个，除主枝和侧枝延长枝外，主枝上萌发的其他新梢作为结果枝组培养，留7 ～ 10片叶摘心促花，旺枝疏除。

图3-5　夏季摘心

⑤主枝延长枝长到60厘米时，留40厘米摘心，促发分枝，并

选留侧枝。

⑥辅养枝长到30厘米时留15～20厘米摘心，以缓和长势。旺枝和竞争枝留1～2厘米重摘心。

⑦秋季对中下部主侧枝拉至近水平。

2. 冬季修剪

①中央领导干延长枝在计划高度处短截。

②选定第一和第二层主枝，并对主枝和侧枝延长头轻短截（图3-6）。

图3-6　主侧枝延长头轻短截

③结果枝组的旺枝重回缩或疏除，直立枝疏除，限制枝组宽度在50厘米以内。

（三）第三年

1. 夏季修剪

①配齐全部骨干枝，包括主枝和侧枝，主侧枝延长枝放任生长。

②领导干上的辅养枝反复摘心控制，回缩或疏除旺枝。

③主侧枝上培养结果枝组，结果枝组的大小根据空间大小调整，不得与临近枝组交叉重叠，并预留生长空间。

④辅养枝和结果枝通过摘心促进成花（图3-7）。

图3-7　夏季摘心促成花

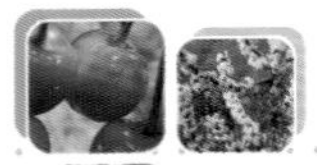
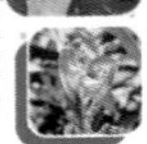

⑤秋季对主侧枝拉枝至近水平。

2. 冬季修剪

①延长枝短截或换头。

②疏除高层主枝上的旺枝、背上枝。

③对枝组上的枝轻短截或于花芽上方留1～2个叶芽短截，培养枝组(图3-8)。

④回缩或疏除枝组粗度超过所着生主枝或侧枝粗度1/3的枝组。

⑤结果枝组长宽之和在1.5米以内为宜，厚度30厘米以内。

图3-8 轻短截培养枝组

（四）更新修剪

①冬剪和采收后均可进行更新修剪。

②骨干枝仅更新延长枝，冬剪时对领导干延长枝、主侧枝延长枝回缩或换头，预留出生长季发育空间。

③大型结果枝组采用长留活桩、疏除1/2分枝等方法更新，中型结果枝组通过重回缩更新，小型结果枝组可以留橛、直接疏除。

第四天
掌握纺锤形类树形的培养技巧

一、自由纺锤形树形

（一）树体结构

纺锤形树高3.5 ～ 4.0米，干高60厘米，主枝12 ～ 18个，在领导干上呈螺旋状分布或分2 ～ 3层，主枝上没有侧枝，直接着生结果枝组。主枝开张，角度接近水平，下层80° ～ 90°。主枝细，粗度不应超过着生部位干粗的1/3。树冠呈纺锤形、圆柱形或塔形。图4-1自由纺锤形树形。

图4-1　自由纺锤形树形

（二）整形过程

1. 第一年

（1）夏季修剪

①定干80厘米（图4-2）。

②剪口下选旺梢作为中心领导干，立竹竿绑缚，使延长梢保持直立旺盛生长，当生长到60 ～ 80厘米长时摘心，促进副梢萌发。

③中心干上发出的新梢长到20厘米以上时用牙签、衣夹等撑开基角（图4-3）。

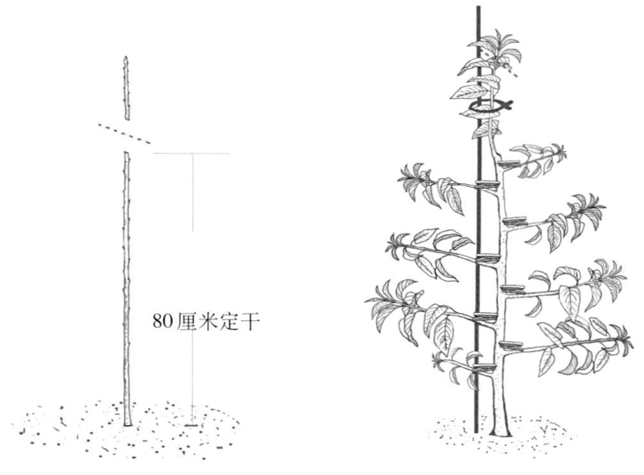

图4-2 定 干　　图4-3 衣夹撑开基角

（2）冬季修剪

①中心领导干延长枝在分枝以上0.6 ～ 0.8米短截。在需要培养主枝的位置刻芽。

②剪除主干高度以下的枝条。

③选择中心干上的中庸枝为主枝，缓放或轻短截，主枝间距15 ～ 20厘米（图4-4）。

④竞争枝、强旺枝以及没有入选主枝的中庸枝全部回缩或疏除。

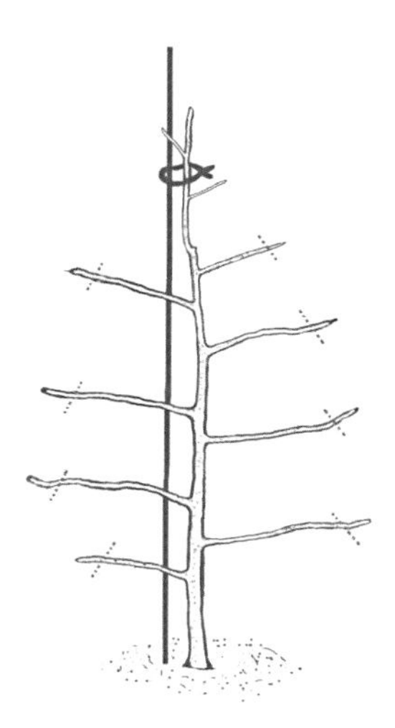

图4-4　主枝头轻短截

2. 第二年

（1）夏季修剪

①领导干延长梢和中心干上新萌发梢夏季修剪同上一年。

②经重剪回缩后萌发的新梢可留2个方位较好的培养为主枝。

③主枝延长头选择水平方位的新梢。

④主枝上有生长空间的水平枝条可通过回缩、摘心等培养中小型结果枝组，其余新梢留1～2厘米重摘心或抹除（图4-5）。

图4-5　夏季摘心培养枝组

⑤疏除竞争枝、背上枝和强旺枝。

⑥秋季对中下部主枝拉枝至近水平。

（2）冬季修剪

①中心干上每15 ～ 20厘米选留1个主枝。

②主枝可分3 ～ 4层，层间距40 ～ 60厘米，同方位主枝上下间距40厘米以上。

③其余从中心干上发出的枝作为辅养枝，视空间大小疏除或回缩至20 ～ 40厘米。

④主枝延长头轻短截或缓放，主枝上的旺枝全部疏除，背上枝疏除或于花芽上短截。

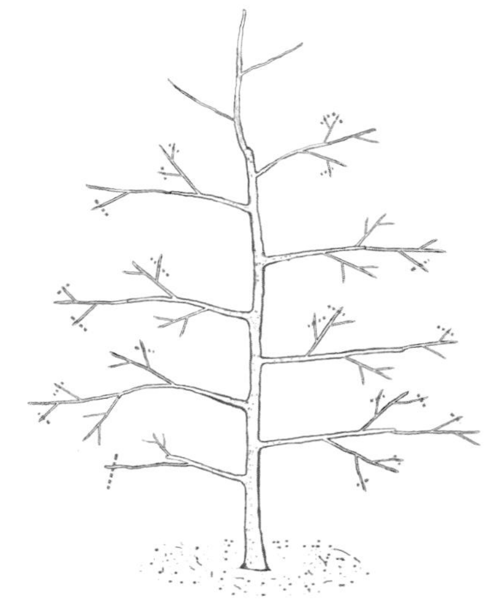
图4-6 轻短截培养枝组

⑤对枝组上的枝轻短截或于花芽上方留1 ～ 2个叶芽短截，培养枝组（图4-6）

⑥基部主枝长于1.5米的，可以对延长头留背下芽极重短截。

3. 第三年

（1）夏季修剪

①选择中庸枝作为中央领导干延长枝，于秋季在3.5 ～ 4.0米处剪截，疏除其上所有分枝。

②主枝数量不足的继续选留合适的主枝。

③高层主枝保持单轴延伸，不再培养枝组。

④除主枝延长头外，对其余新生枝条留5 ～ 7片叶摘心或疏除。

⑤疏除直立枝、徒长枝和强旺枝。

⑥秋季对中下部主枝拉枝至近水平。

（2）冬季修剪

①主枝延长枝短截或换头。

②疏除主枝上的旺枝、背上枝。

③回缩主枝基部粗度超过主干粗度1/3的主枝。

④疏除结果枝组中的旺枝、背上枝。对其余枝视空间和长势进行轻短截或于花芽上方留1～2个叶芽短截（图4-7）。

⑤疏除重叠枝、徒长枝、近地面下垂枝。

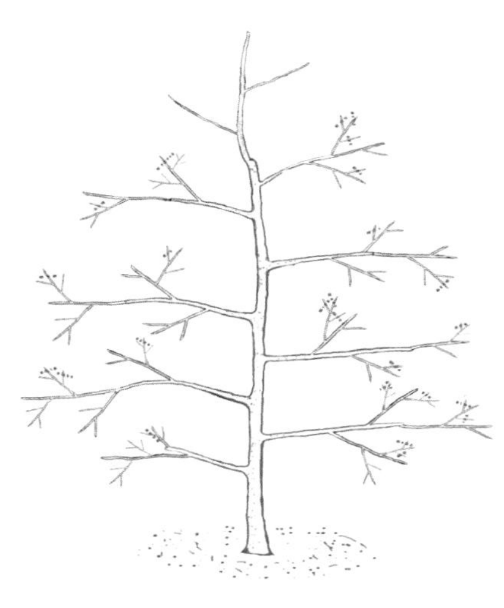

图4-7　短　截

4.更新修剪　一般第4～5年进入盛果期后就开始有计划地更新修剪。

①每年对骨干枝延长头进行更新，方法同小冠疏层形。

②上部主枝的更新采用留10～20厘米活桩的方法进行。

③中下部主枝，采用枝组更新的方法。枝组更新方法同小冠疏层形。

二、改良纺锤形树形

改良纺锤形树形是其他树形和纺锤形结合的产物，如基部三主枝改良纺锤形。大连地区的改良疏层形是小冠疏层形通过增加第一层和第二层的主枝数量，而取代侧枝的整形方法。

整形过程可以参考相关树形进行。

三、中干枝组形树形

具有中心领导干，领导干上直接着生结果枝组，没有永久性主枝和侧枝。中心领导干上分布大型结果枝组的为高纺锤形（图4-8），以着生小型结果枝组和单枝结果枝组为主的就是超细纺锤形（SSA, super spindle axis）。这类树形一般适于矮砧树或长势较弱品种的乔砧树。

（一）高纺锤形

1. 树体特点　中心领导干上没有永久性主枝，而是直接着生大型结果枝组。结果枝组数量一般不低于20个。树冠呈圆柱形或塔形。

图4-8　高纺锤形树形

2. 整形过程

（1）第一年

①夏季修剪。

a. 定干80厘米（图4-9）。

b.将苗木上已有的分枝重剪至基部叶芽。

c.选顶部旺梢作为中心领导干，立竹竿绑缚，使延长梢保持直立旺盛生长，当生长到60 ~ 80厘米长时重摘心，促进副梢萌发。

d.中心干上发出的新梢长到20厘米以上时用牙签、衣夹等撑开基角（图4-10）。

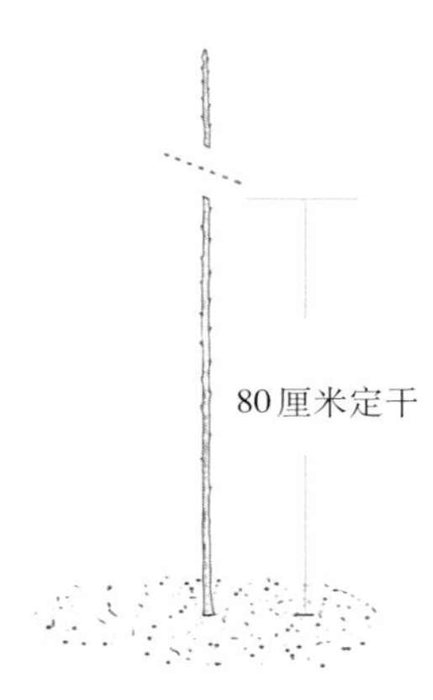

图4-9　定　干

图4-10　开基角

②冬季修剪。

a.中心领导干延长枝在分枝以上0.6 ~ 0.8米处短截。进行抹芽(图4-11)和刻芽，促使中干上萌发新枝。

图4-11　抹　芽

b.主枝少的对主枝进行重短截至基部叶芽，重新培养（图4-12）。

c.剪除主干高度以下的枝条。

d.疏除基角小的旺梢和竞争枝。

图4-12　重短截

（2）第二年

①夏季修剪。

a.领导干延长梢夏季修剪同上年，通过重摘心，促发副梢。

b.对中心干上新的主枝继续进行牙签开角，夏季拿枝使枝条水平（图4-13）

图4-13　拿枝使枝条水平

c.中心干上选择8 ～ 10个角度开张的中庸枝培养结果枝组，6月中旬前对旺长枝条进行轻摘心。

d.疏除中心干上直立枝、强旺枝、过密枝，以保持树体通风透光。

②冬季修剪。

a.领导干延长梢修剪同上年。

b.选留的主枝保留1个生长水平或下垂的中庸梢轻剪或缓放，其余梢全部重剪至基部叶芽处。

c.疏除竞争枝、背上枝、过密枝、伤病枝、徒长枝、重叠枝等扰乱树形枝条。

d.保持树形下大上小。

（3）第三年及以后

①萌芽1个月后或采果后落头至3.5 ~ 4.5米，留较弱的分枝带头。

②中干高度2米以上部位的枝组，留1 ~ 2个延长梢，2米以下的留2 ~ 3个延长梢，并进行轻短截或缓放。

③对枝组内结果枝视空间采用短截至花芽或缓放的处理。靠近枝组基部的发育枝缓放或轻短截培养更新枝，或重短截做预备枝，其余发育枝一律疏除。

④主枝枝龄达到5年以上或粗度超过中心干1/3的，每年选择2 ~ 3个回缩更新。

⑤及时疏除竞争枝、背上枝、过密枝、伤病枝、徒长枝、重叠枝等扰乱树形枝条。

图4-14示四年生植株冬季和夏季生长状况。

图4-14　四年生植株冬季和夏季生长状况

（二）超细纺锤形树形

1.树体特点　该树形适用于矮化砧木高密度栽培。具有中心领导干，领导干上直接着生中小型结果枝组(图4-15)。与其他树形不同的是，该树形主要利用一年生枝基部花芽结果，而不是花束状果枝。因此，所嫁接的品种要易于在一年生枝基部形成花芽。叶果比大，果实品质优良。因树冠小而高，单株产量低，需要靠高密度来增加单位面积产量。修剪用工量大，要考虑结合机械修剪来降低用工费用。

图4-15　超细纺锤形树形

2.整形过程

（1）第一年

①夏季修剪。

a.采用1.0 ～ 1.2米壮苗建园，要求苗木生长充实，中部以上芽体饱满。一般不进行定干和抹芽处理（图4-16)。

b.采用刻芽、环割、喷施促发分枝药剂等办法使中心干促发分枝，要求当年达到10个以上分枝。

c.中心干上发出的新梢长到20厘米以上时用牙签、衣夹等撑开基角（图4-17)。

d.新梢6月中旬前留10 ～ 20厘米摘心（图4-17)。

e.如果采用带分枝苗建园，将中心干进行剪截到饱满芽处，分枝进行缓放，其上新梢进行摘心促花。

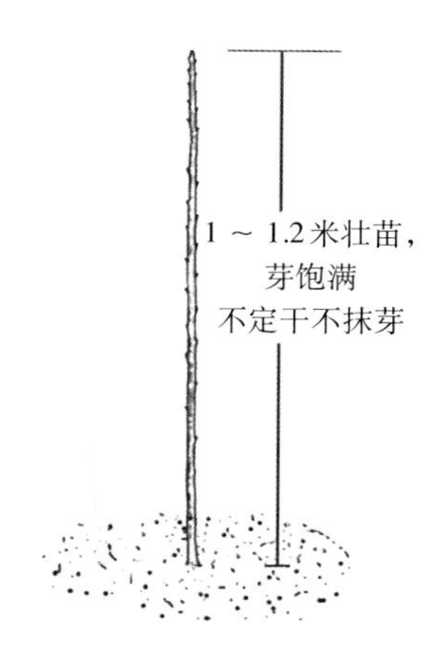

图4-16　定植时不定干、不抹芽

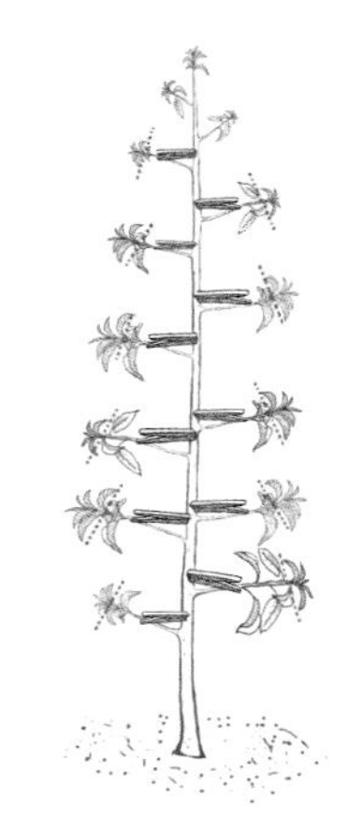

图4-17　开基角（衣夹撑开）及摘心（红色虚线表示）

②冬季修剪。

a.中央领导干短截至饱满芽处，以利于促发分枝。

b.对中心干上所有一年生新梢进行极重短截。对枝条基部有花芽的枝，花芽上方保留2 ～ 3个叶芽（图4-18）。

c.中心干下部枝条剪留长度应略长于上部。

图4-18　极重短截

（2）第二年

①夏季修剪。

a.继续采用刻芽、环割、喷施促发分枝药剂等办法使中心干促发分枝，争取中心干上当年再新发10个以上分枝。

b.中心干上发出的新梢长到20厘米以上时用牙签、衣夹等撑开基角。

c.通过坠、撑、拉、拿枝等手段尽量保持枝条水平生长。

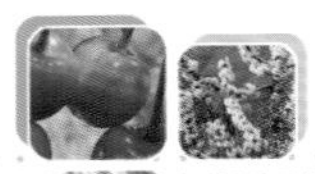
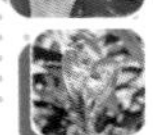

d.树高达到3.5米时，可以于夏季轻落头到一个较弱分枝上。

e.可于秋季修剪后不再萌芽的时期，对所有分枝剪留到离主干50厘米处，以削弱生长，并促进枝条充实。

②冬季修剪。

a.继续于萌芽期，花芽和叶芽清晰可辨时，对中干上所有新梢进行极重短截，仅在枝条基部花芽上方保留2 ~ 3个叶芽。

b.中心干下部枝条剪留长度继续保持略长于上部。

(3) 后续年份修剪

①主要依靠当年生枝条基部花芽结果，因此每年都要对当年枝条进行重剪。

②保持结果部位在中心干附近。

③可于秋季修剪后不再萌芽的时期，对所有分枝剪留到离中心干50厘米处，以削弱生长，并促进枝条充实（图4-19）。

④对于过长结果枝可重回缩至中心干附近进行更新。

图4-19　秋季修剪后不再萌芽的时期，对所有分枝剪留到离中心干50厘米处

第五天

掌握多领导干树形的培养技巧

一、多领导干形树形

（一）树形特点

该树形直接在主干上着生3 ~ 4个永久领导干，然后在领导干上培养水平向外的结果骨架，靠骨架上着生的枝组结果（图5-1）。主要靠结果枝组交替更新维持树势和产量。树高4米以上，树体较大，是一种3D树形。该树形一般在半矮化砧和乔化砧木嫁接树培养，矮化砧木嫁接树不建议采用。

图5-1　多领导干形树形

（二）整形过程

1. 第一年

（1）夏季修剪

①用根系好的壮苗建园，定植后定干80厘米左右（图5-2）。

②促使剪口下萌发4个以上枝条，新梢长到20厘米以上时用竹签、衣夹撑开等办法打开基角（图5-3）。

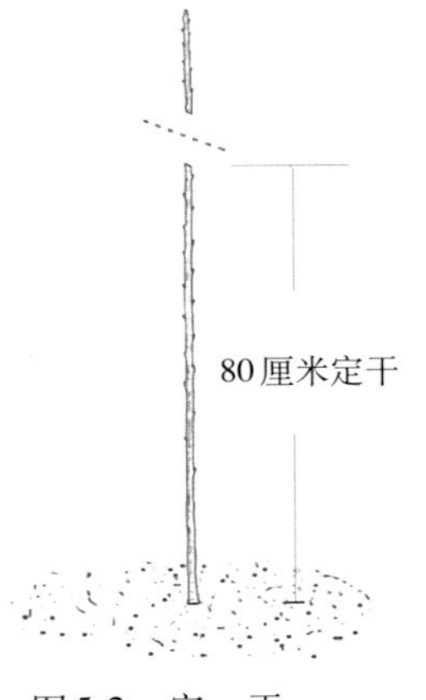

图5-2　定　干

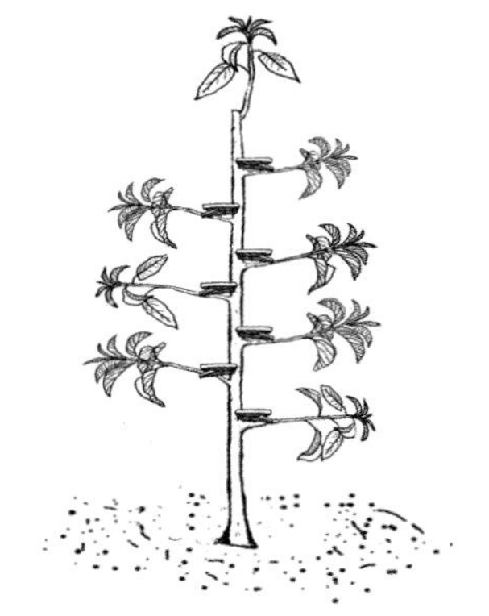

图5-3　开基角（衣夹撑开）

（2）冬季修剪

①选留3 ～ 4个直立向上，长势均衡的枝条作为领导干。

②对所有保留枝条剪留60厘米左右，促发分枝(图5-4)。

③除选留的领导干外，乔化砧嫁接树可保留剪口附近的1 ～ 2个强旺枝条作为临时性领导干，用于平衡树势。

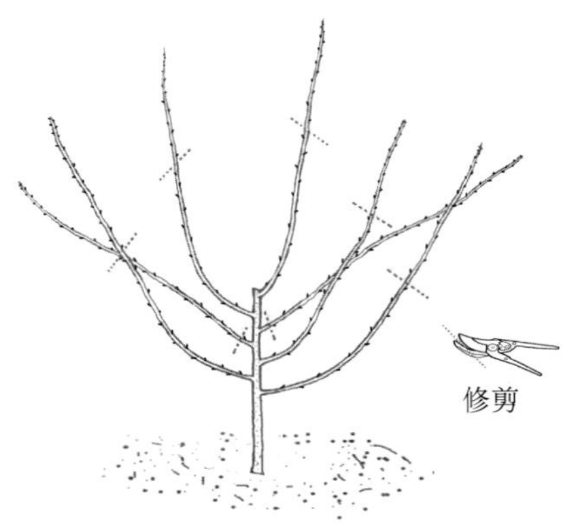

图5-4　剪留60厘米左右，促发分枝

2. 第二年

（1）夏季修剪（图5-5）

①领导干延长头长至80厘米时，剪留60厘米，继续促发分枝。

②领导干上的侧生分枝长至20厘米时，用牙签、衣夹开基角。

③领导干上的侧生分枝长至60厘米时，剪留40厘米，促发分枝。

④通过摘心等措施控制其余枝条长势。

⑤疏除所有向内生长的枝条，疏除强旺枝、过密枝。

⑥秋季将领导干上的基部第一分枝拉至水平。

（2）冬季修剪（图5-6）

①对选留的领导干及临时枝延长头短截至60厘米。

②对领导干上的侧生分枝延长头短截至50厘米左右，疏除侧生分枝上过旺、过密的枝条，选择生长中庸的枝条缓放促花。

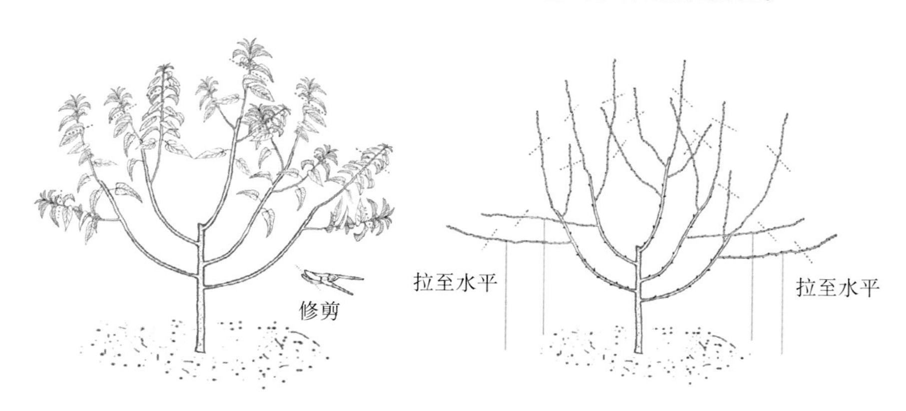

图5-5　对领导干和侧生分枝复剪　　图5-6　第二年冬季修剪

3. 第三年

（1）夏季修剪（图5-7）

①领导干延长头长至80厘米时，剪留60厘米，继续促发分枝。

②领导干上的侧生分枝延长枝长至60厘米时，剪留40厘米，促发分枝。

③通过摘心、化控等措施控制侧生分枝上的枝条长势。

（2）冬季修剪

①对选留的领导干及临时枝短截至60厘米（图5-8）。

②疏除领导干上所有向内生长的枝条，疏除强旺枝、过密枝。

③疏除侧生分枝上过旺、过密的枝条，选择生长中庸的枝条缓放促花。

图5-7　第三年夏季修剪

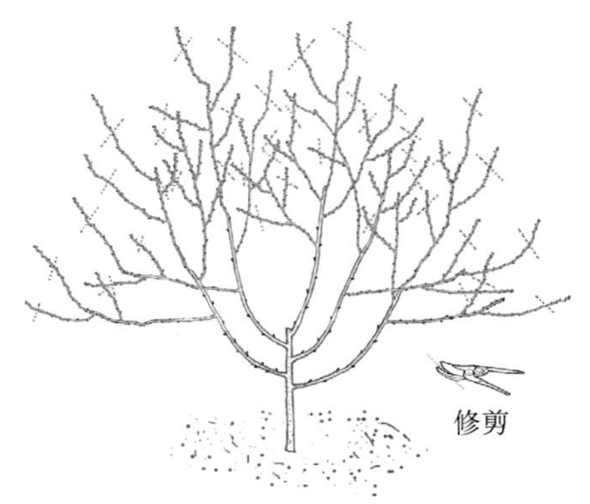

图5-8　对领导干及侧生分枝短截

4. 第四年及以后修剪

①进入盛果期后（图5-9），视株行距大小，确定3 ～ 4个永久性领导干，疏除其余临时性的领导干（图5-10）。

②树高控制在3.5米左右，选领导干上稍弱的侧生分枝带头。

③疏除向内生长的枝条以及强旺枝、过密枝、交叉枝、徒长枝。

图5-9　盛果期树

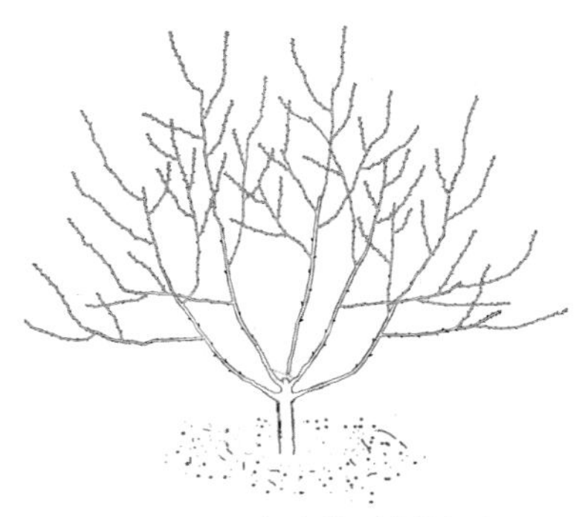

图5-10　疏除临时领导干

④保持领导干基部侧枝长势，控制领导干上部枝条长势，使树体下大上小，呈金字塔形。

⑤进入盛果期后，维持领导干及骨架枝长势。

⑥骨架枝粗度超过领导干1/2的，进行回缩更新。

⑦产量较高的品种，每年对延长枝进行轻剪，维持合适的叶果比。

⑧及时对结果枝组进行更新修剪，每年更新20%左右，保证每个结果枝组枝龄不超过5年。

二、丛枝形树形

（一）树形特点

丛枝形树形无中央领导干，在主干上直接着生20 ~ 30个直立生长的单轴延伸结果枝组（图5-11）。除主干外，没有永久枝。

图5-11　丛枝形树形

采用单轴延伸结果枝组交替更新的办法维持树势和产量。树高2.5 ~ 3米，十分便于采收。树冠较开张，是一种3D树形。该树形适于以花束状果枝结果为主的品种。平原土壤条件好的地区以矮化砧和半矮化砧嫁接树，山区和土壤瘠薄地区可采用半矮化砧和乔化砧嫁接树。该树形修剪管理简单，用工少。

（二）整形过程

1. 第一年

（1）夏季修剪

①用根系好的壮苗建园，定植后定干50厘米左右（图5-12）。

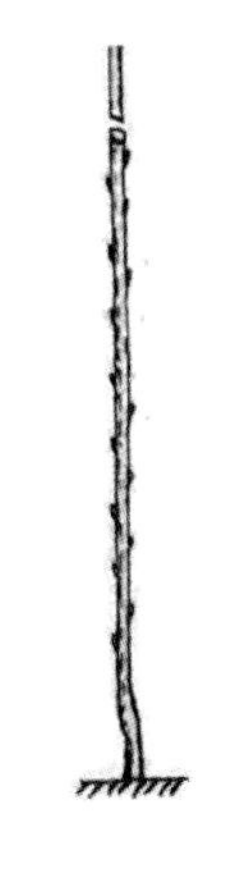

图5-12　定干

②促使剪口下萌发4个以上枝条，新梢长到20厘米以上时用竹签或拉、坠等办法打开基角。

③6月底至7月上旬，当新梢长至50 ~ 60厘米时，剪留20 ~ 30厘米，以促发分枝。

④为保持枝条间长势均衡，修剪时壮枝短留，弱枝长留，直立枝短留，斜生枝长留，最终保持所有剪口在同一平面上。当年形成10个以上新梢（图5-13）。

（2）冬季修剪（图5-14）

图5-13　第一年形成10个以上新梢

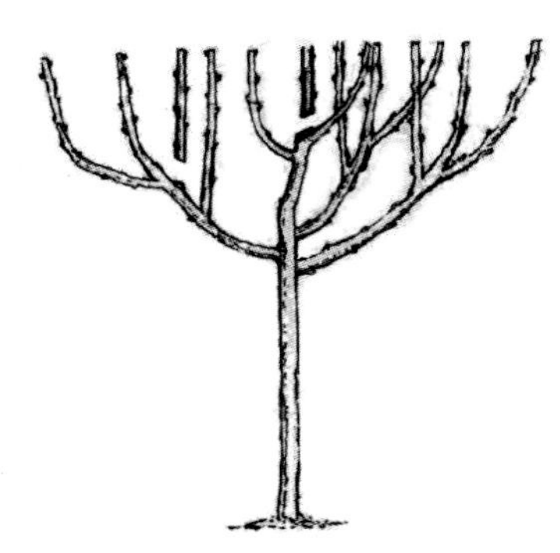

图5-14　第一年冬季修剪

①对所有延长枝继续剪留20～30厘米，促发新的分枝。

②去除过旺和过弱枝条，以保持枝条间长势均衡。

③保持所有剪口在同一平面上。

2. 第二年

(1) 夏季修剪

①矮化至半矮化砧木树一般保留20～25个直立枝条，乔化砧木保留30个左右枝条。

②新梢数量不足上述数量的，在新梢长至50～60厘米时，剪留20～30厘米，继续促发分枝。

③疏除过旺、过弱、过密的枝条，使枝条分布均匀，长势均衡。

④疏除所有侧生分枝，保持直立单轴延伸。

⑤控制延长枝年生长长度在1米以内。

⑥秋季对所有枝条轻打头，促使枝条充实。

(2) 冬季修剪

①疏除所有侧生分枝，保持直立单轴延伸（图5-15）。

②对枝条大量刻芽，促进花束状果枝的形成。

③疏除过旺、过弱、过密的枝条，使枝条分布均匀，长势均衡。

图5-15　疏除侧生分枝

3. 第三年及以后　树体开始从初果期向盛果期转变，主要任务是改善光照、调节枝条生长、维持树势、主枝更新。

(1) 夏季修剪

①去除中心及过密枝条，改善光照。

②及时疏除侧生分枝。

③控制枝条生长量在0.6～1米，保持各主枝间平衡生长（图5-16）生长过弱则减少主枝数量，生长过旺则增加主枝数量。

④采果后，控制树高在2.5～3米。

⑤秋季剪去新梢1/4，以保证合适的叶果比。

（2）冬季修剪

①控制各主枝间平衡生长。

②进入盛果期后有计划地进行主枝更新，每年基部留25厘米以上，更新主枝（图5-17）。

③主要更新过粗、过旺枝。

图5-16 主枝间平衡生长

图5-17 主枝更新

第六天

掌握篱壁形等架式树形的修剪

一、篱壁形树形

（一）树形特点

该树形有永久中央领导干，在中央领导干上培养平行于行向的主枝，靠主枝上着生的枝组或主枝直接作为枝组结果（图6-1）。以结果枝组交替更新或主枝直接更新维持树势和产量。树高3 ~ 3.5米，树体扁平，整体呈“篱壁”，是一种2D树形。该树形需要设立支架，并自地面60厘米起，每隔20 ~ 50厘米拉一道铅丝，便将主枝水平绑缚。

图6-1　篱壁形树形

（二）整形过程

1. 第一年

（1）夏季修剪

①用根系好的壮苗建园，定植后定干80厘米左右（图6-2）。

②带分枝苗将所有分枝剪留到基部叶芽处。

③剪口下萌发枝选留2个平行于行向枝条作为主枝，新梢长到30厘米以上时水平绑缚到第一道铅丝（图6-3）。

④中心干生长到60厘米时，剪留50厘米左右，促发第二层分枝。

⑤第二层新梢长到30厘米以上时水平绑缚到第二道铅丝（图6-3）。

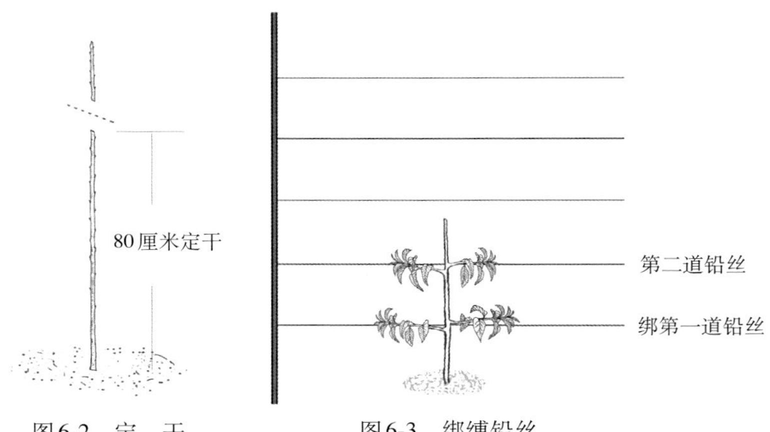

图6-2　定　干　　　图6-3　绑缚铅丝

（2）冬季修剪

①中央领导干一般不剪截，若过长则剪留80厘米左右，促发分枝。

②对中央领导干缺枝部位刻芽，促发分枝。

③主枝水平绑缚到铅丝上。

④疏除主枝上的背上枝、强旺枝等，对于主枝上的侧生分枝视空间疏除或剪留10 ～ 20厘米培养枝组（图6-4）。

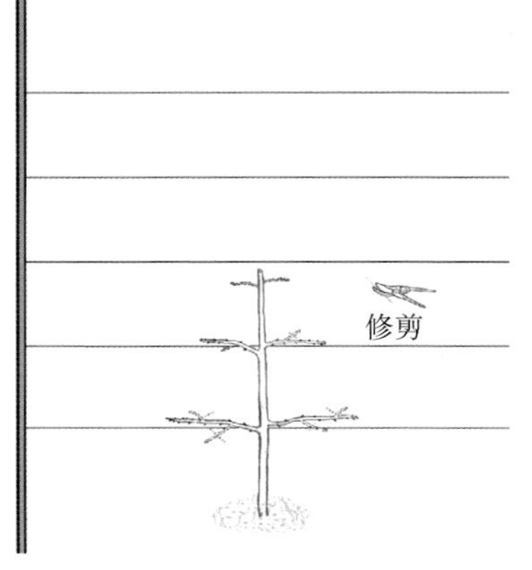

图6-4　疏除背上枝、强旺枝

2. 第二年

(1) 夏季修剪

①领导干延长头长至60厘米时，剪留50厘米，继续促发分枝。

②领导干上的新生侧枝长至30厘米时，水平绑缚到对应的铅丝。

③疏除主枝上所有向上生长的枝条，其余枝条视空间剪留10 ~ 20厘米培养枝组或留5厘米左右重摘心促花(图6-5)。

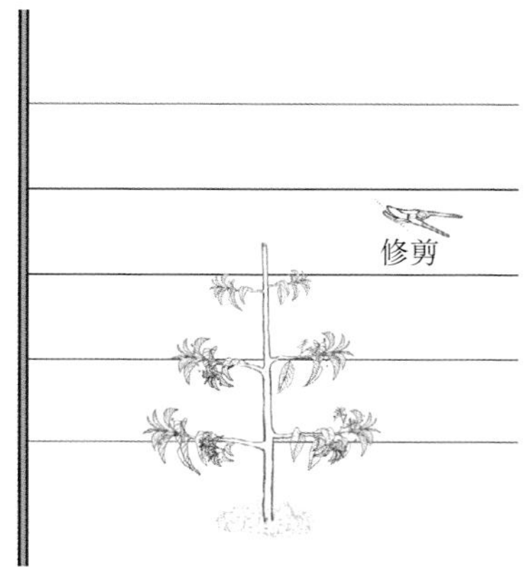

图6-5 重摘心

(2) 冬季修剪

①中央领导干一般不剪截，若过长则剪留80厘米左右，促发分枝。

②对中央领导干缺枝部位刻芽，促发分枝。

③主枝水平绑缚到铅丝上。

④疏除主枝上的背上枝、强旺枝，上年主枝继续培养枝组，当年新选留的主枝，对于其上的侧生分枝视空间疏除或剪留10 ~ 20厘米培养枝组（图6-6）。

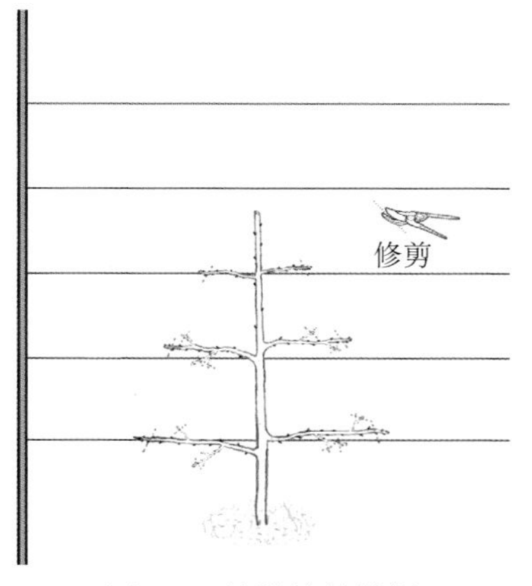

图6-6 继续培养枝组

3. 第三年

(1) 夏季修剪

①领导干延长头长至60厘米时，剪留50厘米，继续促发分枝。

②主枝延长枝长至60厘米时，剪留40厘米，促发分枝。

③通过摘心、化控等措施控制主枝上的枝条长势（图6-7）。

(2) 冬季修剪

①将中央领导干短截至3.5米左右一较弱的水平分枝处。

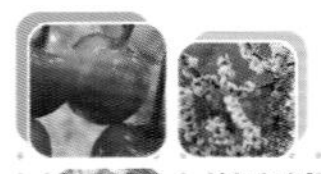

②继续轻短截培养结果枝组（图6-8）。

③对于过长、交叉的主枝，将延长头极重短截或回缩以控制长度。

④上部主枝一般保持单轴延伸，不在其上培养结果枝组。

⑤基部主枝控制枝组大小，使垂直于行向枝展控制在1米以内。

⑥疏除主枝上过旺、过密的枝条，选择生长中庸的枝条缓放促花。

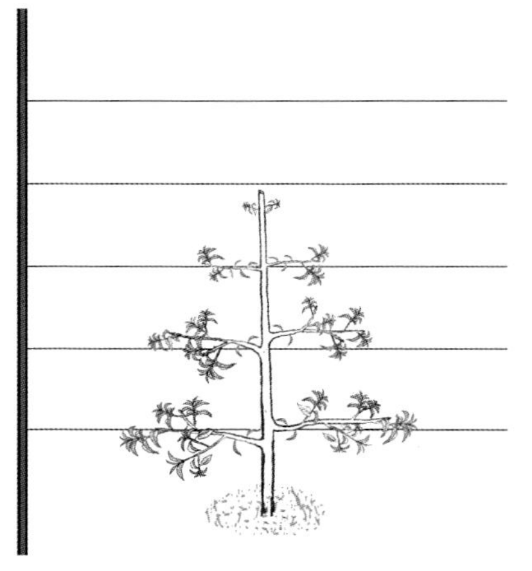
图6-7　通过摘心、化控等措施控制枝条长势

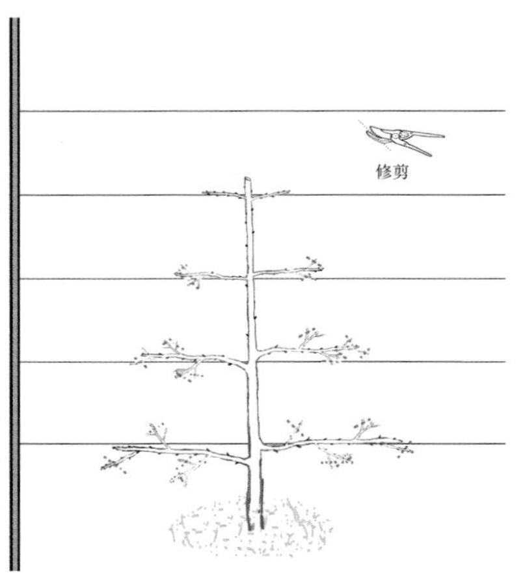

图6-8　轻短截培养结果枝组

4. 结果以后修剪

①树高控制在3.5米左右，选领导干上稍弱的侧生分枝带头。

②疏除强旺枝、过密枝、交叉枝、徒长枝。

③主枝粗度超过中心干1/3时，进行回缩或剪留至基部芽体，或留20厘米以上活桩更新。

④及时对结果枝组进行更新修剪，每年更新20%左右，保证每个结果枝组枝龄不超过5年。

二、UFO形树形

（一）树形特点

该树形无中央领导干，主干上延行向左右2臂，也可单臂，臂上直接着生若干个直立生长的单轴延伸结果枝组（图6-9）。所有结果枝组不带分枝，均为非永久性单轴延伸结果枝组，采用交替更新的办法维持树势和产量。树高3米，整体形成篱壁形，叶幕窄，是一种2D树形。该树形适于以花束状果枝结果为主的品种。平原土壤条件好的地区以矮化砧木嫁接树整形容易，山区和土壤瘠薄地区可采用半矮化至乔化砧嫁接树。UFO形树形修剪管理简单，可进行机械修剪，应注意对领导干及时更新。

图6-9　UFO形树形

（二）整形过程

1. 第一年

（1）夏季修剪

①树立支架并从离地面50厘米起，每隔40厘米拉一道铅丝，

以便将来用于绑缚枝条，总共拉5道左右。

②用根系好的壮苗建园，以45°斜栽定植，梢尖向南，苗木可定干至1.0 ~ 1.2米。将苗干绑缚到第一道铅丝上以固定角度(图6-10)。

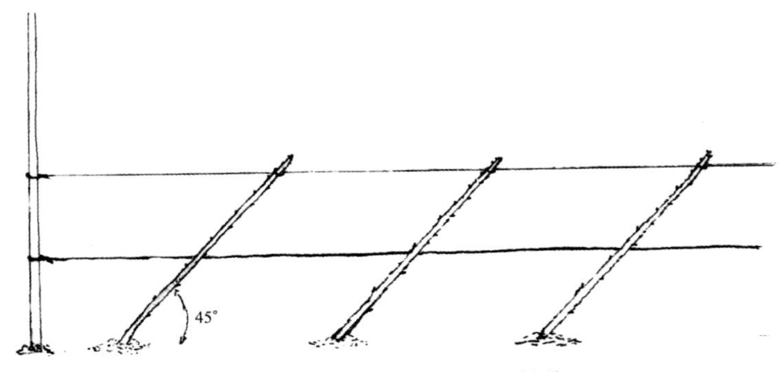

图6-10　树立支架并45°斜栽

③对苗干上的背上芽采用刻芽等措施促发分枝。

④当延长头长至30厘米左右时，将苗干中上部水平绑缚在第一道铅丝上。

⑤仅保留向上直立生长的枝条，疏除第一道铅丝以下的枝条(图6-11)。

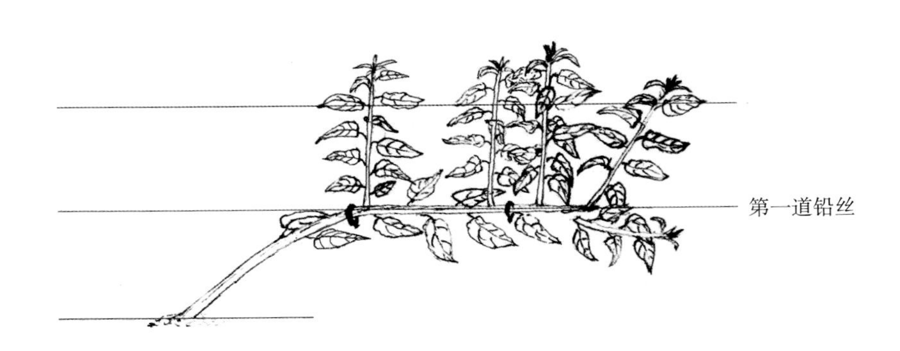

图6-11　绑缚苗干，疏除第一道铅丝以下的枝条

⑥保证枝条间长势均衡，对生长强旺的新梢及时重摘心控制长势，疏除在6月中下旬依然生长过旺的枝条。

(2) 冬季修剪

①疏除旺枝。

②保持枝条间距20厘米左右，疏除过密枝条，在缺枝部位刻芽促发枝条。

③疏除第一道铅丝以下的枝条，将够高的新梢绑到第二道铅丝（图6-12）。

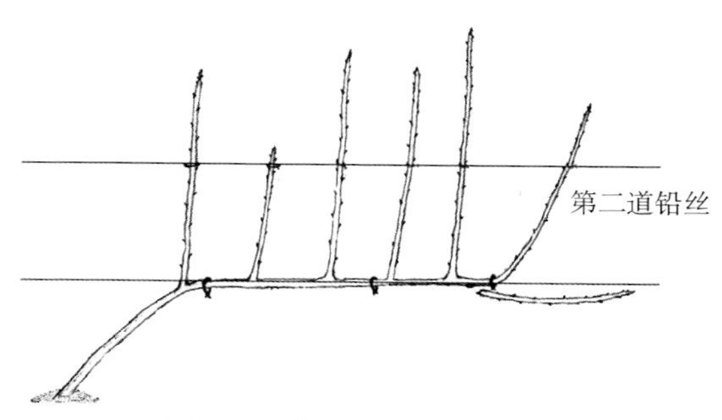

图6-12　绑缚到第二道铅丝

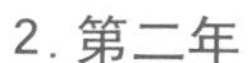

2. 第二年

(1) 夏季修剪

①疏除第一道铅丝以下的枝条，疏除选留枝条上萌生的侧生分枝（图6-13）。

②保证枝条间长势均衡，对生长强旺的新梢及时重摘心控制长势，疏剪在6月中下旬依然生长过旺的枝条。

(2) 冬季修剪

①疏除过弱或过旺枝条。

②疏除选留直立枝条上萌生的侧生分枝。

③保持枝条间距20厘米左右，疏除过密枝条。

图6-13　疏除选留枝条上萌生的侧生分枝

④疏除第一道铅丝以下的枝条，将向上生长的枝条绑到铅丝上。

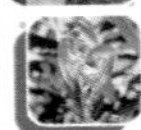

3. 第三年及以后

①保证枝条间长势均衡，对生长强旺的新梢及时重摘心控制长势，疏剪在6月中下旬依然生长过旺的枝条。

②疏除过弱或过旺枝条。

③疏除选留直立枝条上萌生的侧生分枝。

④保持枝条间距20厘米左右，疏除过密枝条。

⑤疏除第一道铅丝以下的枝条，将向上生长的枝条绑到铅丝上。

⑥控制叶幕高为行距的1.1 ~ 1.2倍。

图6-14示第三年以后的修剪效果。

4. 更新修剪

①进入盛果期后逐年轮换更新，每年更新15% ~ 20%的枝条。

②拟更新枝条留20厘米左右重剪至基部分枝或活芽处，防止产生干橛。

③对主枝上的侧生分枝，高产品种可直接疏除或截至花芽处。产量一般的品种在基部花芽上方留叶芽重剪。

图6-14　第三年以后的修剪效果

三、V形树形

（一）树形特点

该树形以60°向行间倾斜交替定植苗木，或直立定植，选留2个枝作为永久领导干，绑缚成V形（图6-15），在其上着生主枝结果，通过对主枝上的枝组或主枝直接进行更新保持产量和果实品质。该树形需要设立支架，并自地面50厘米起，每隔40厘米左右拉一道铅丝，以便将主枝水平绑缚。

图6-15　V形树形及架式

（二）整形过程

1. 第一年

（1）夏季修剪

①用根系好的壮苗建园，定植后定干60厘米左右（图6-16）；或以60°向行间倾斜交替定植苗木。

②使用2根钢管、松木或水泥柱交叉成V形支架，支架与水平面夹角为60°，2个V形架间隔10米。在距地面50厘米起，每隔40厘米左右拉一道铅丝（图6-17）。

③直立定植苗木剪口下萌发枝选2

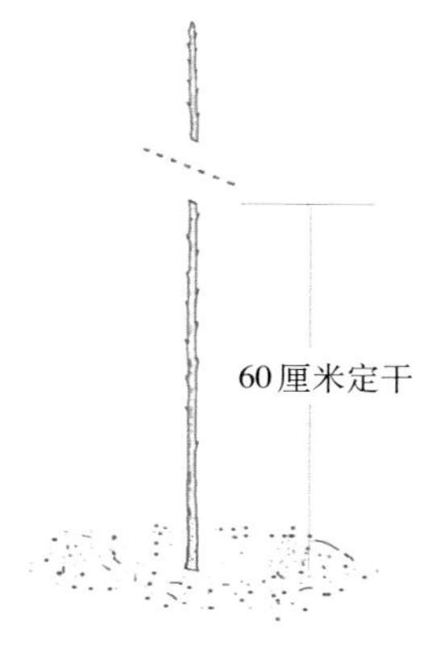

图6-16　定干

个长势较一致的垂直于行向生长枝条作为永久领导干，新梢长到30厘米以上时绑缚到第一道铅丝，2枝夹角呈60°。以单株倾斜定植的直接将领导干绑缚到铅丝上固定角度。

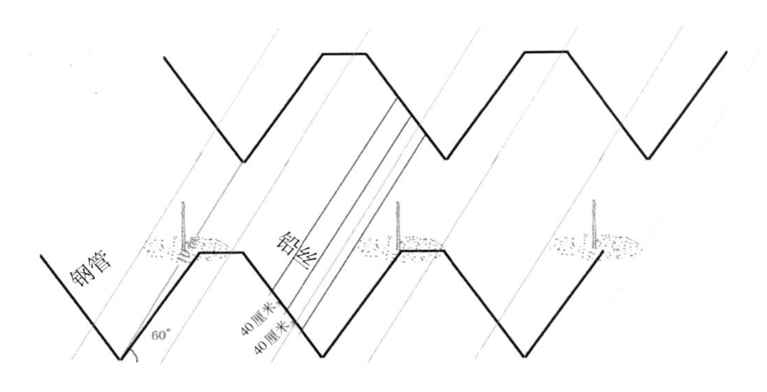

图6-17　V形架式示意图

④选留的领导干生长到60厘米时，剪留50厘米左右，促发侧生分枝（图6-18）。

⑤其余枝条通过摘心控制长势。

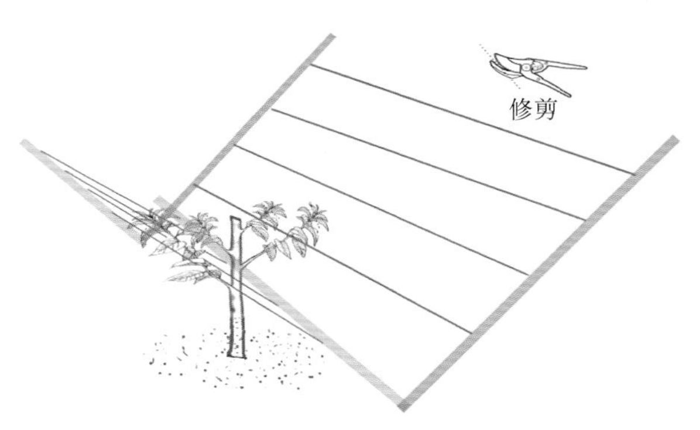

图6-18　领导干剪留50厘米左右，促发侧生分枝

（2）冬季修剪（图6-19）

①直立定植苗木疏除主干上除永久领导干外的其他枝条。

②永久领导干一般不剪截，若过长则剪留80厘米左右，促发分枝。

③将选留的永久领导干绑缚在铅丝上，以保证角度。

④对永久领导干缺枝部位刻芽，促发分枝。

⑤疏除永久领导干上的背上枝、强旺枝、下垂枝。选留永久领导干两侧距离合适的中庸枝作为主枝，水平绑缚到铅丝上。

⑥对于领导干上的其他分枝视空间疏除或剪留10 ~ 20厘米培养枝组。

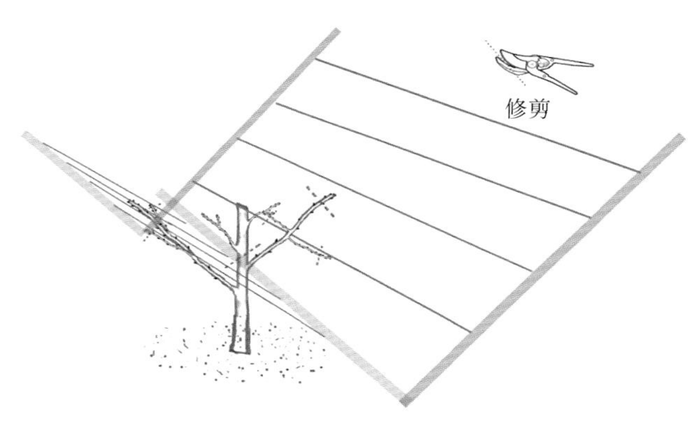

图6-19　第一年冬季修剪

2. 第二年

(1) 夏季修剪（图6-20）

①领导干生长到60厘米时，剪留50厘米左右，促发侧生分枝。

②将领导干延长枝绑缚在铅丝上，以保证角度。

③选留的主枝除延长头外，其他枝视空间剪留10 ~ 20厘米培养枝组或留5厘米左右重摘心促花。

④将主枝延长头及时水平绑缚在铅丝上，保持水平生长。

⑤疏除领导干上向内生长的枝条，除主枝外的其余枝条通过摘心控制长势。

⑥控制延长枝年生长量在80厘米以内。

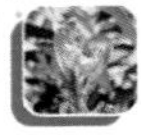

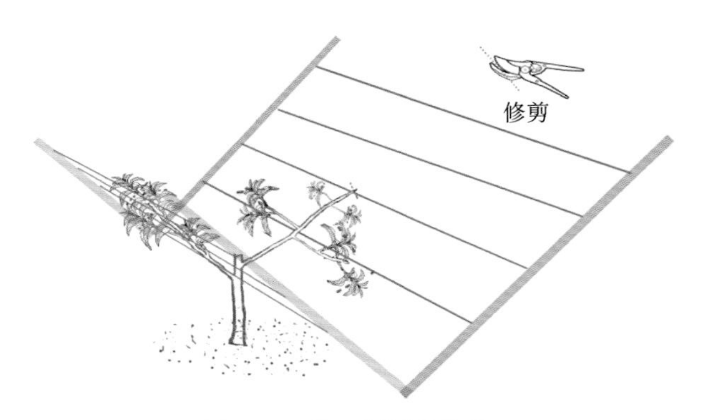

图6-20　第二年夏季修剪

(2) 冬季修剪 (图6-21)

①永久领导干视长势不剪截或剪留80厘米左右，促发分枝。

②对永久领导干缺枝部位刻芽，促发分枝。

③疏除永久领导干上的背上枝、强旺枝、下垂枝、过密枝。

④继续选留永久领导干两侧距离合适的中庸枝作为主枝，水平绑缚到铅丝上。

⑤对于领导干上的其他分枝视空间疏除或剪留10 ～ 20厘米培养枝组。

⑥基部主枝延长头若交叉，则重短截，否则缓放。

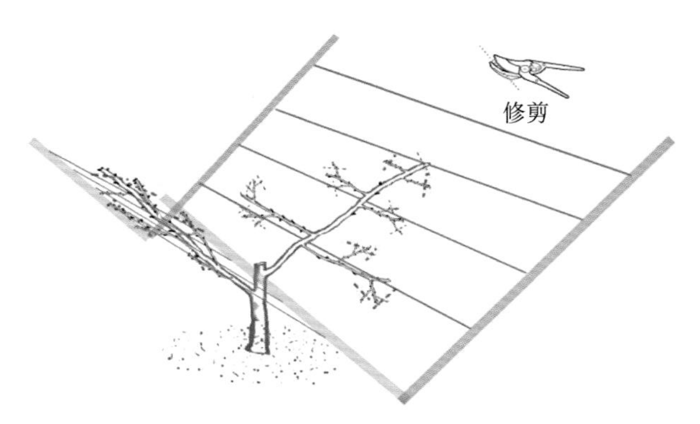

图6-21　第二年冬季修剪

⑦疏除主枝上的强旺枝、过密枝，过长的枝组对延长头重短截。

⑧领导干上部主枝不培养枝组，保持单株延伸，疏除其上分枝。

3. 第三年

(1) 夏季修剪

①领导干够高时，剪留到较弱的水平侧生分枝上。

②对主枝除延长头外，其他新梢视空间剪留10 ～ 20厘米培养枝组或留5厘米左右重摘心促花（图6-22）。

③将上部主枝延长头及时水平绑缚在铅丝上，保持水平生长。

④疏除领导干上向内生长的枝条，除主枝外的其余枝条通过摘心控制长势。

⑤控制延长枝年生长量在80厘米以内。

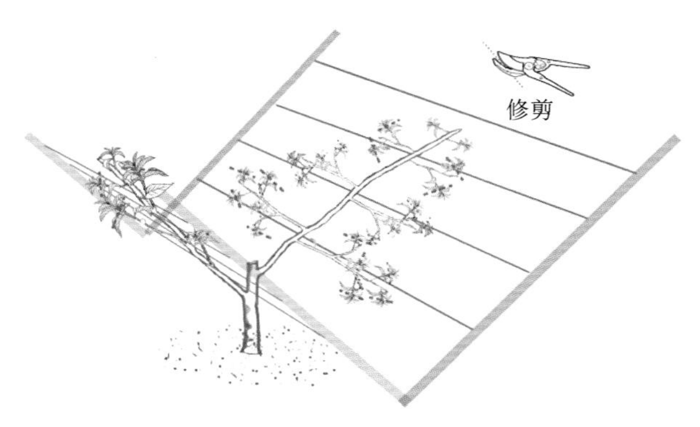

图6-22　摘心培养枝组或5厘米左右重摘心促花

(2) 冬季修剪

①永久领导干剪留至较弱的水平侧生分枝上。

②疏除永久领导干上的背上枝、强旺枝、下垂枝、过密枝。

③对于领导干上的其他分枝视空间疏除或剪留10 ～ 20厘米培养枝组（图6-23）。

④基部主枝延长头若交叉，则重短截，否则缓放。

⑤疏除主枝上的强旺枝、过密枝，过长的枝组对延长头重短截。

⑥领导干上部主枝不培养枝组，保持单轴延伸，疏除其上分枝。

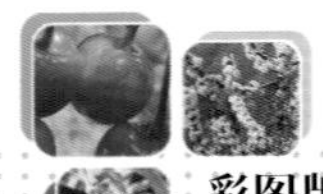

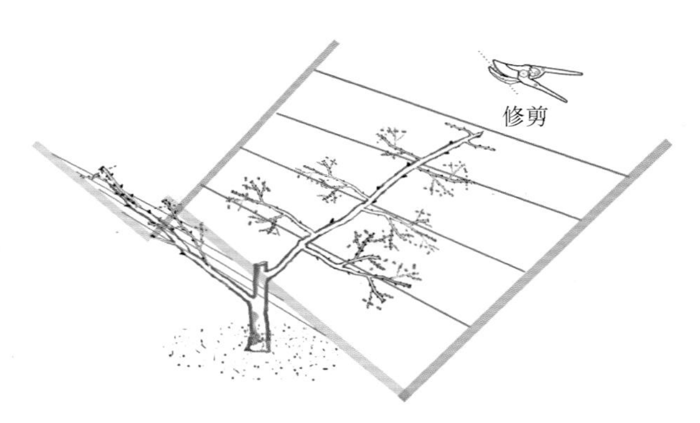

图6-23　第三年冬季修剪

4. 结果以后修剪

①树高控制在3 ～ 3.5米，选领导干上稍弱的侧生分枝带头。

②主枝粗度超过领导干1/3时，进行回缩或剪留至基部芽体，或留20厘米以上活桩更新。

③及时疏除强旺枝、过密枝、交叉枝、徒长枝。

④容易结果的品种，对外围枝进行轻剪调整叶果比。

⑤及时对结果枝组进行更新修剪，每年更新20%左右，保证每个结果枝组枝龄不超过5年。

第七天
樱桃省力化修剪的常见错误

一、过度短截

短截对于快速扩冠、形成骨干枝具有重要的作用，但过度短截会造成营养生长过旺，枝条过多，树冠郁闭，难以成花（图7-1）。除需要促发分枝、调整叶果比、更新和复壮外，樱桃树一般应多疏、多甩、少截。尤其进入盛果期前的幼龄树，更注意不要过度短截。

图7-1　大树多截，水条多

二、一味甩放

甩放有助于樱桃缓和长势，尽快成花。但生产中常见对幼龄树不进行短截、疏枝，一味甩放，导致树形紊乱、枝条加粗过快、

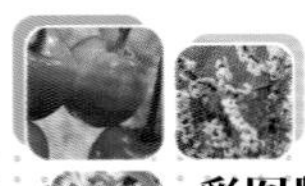

基部光秃、枝条过长等不利结果的现象（图7-2至图7-4）。

中干树形要在中干上多促发分枝，甩放时结合拉枝开角，将枝条拉至水平。只甩放中庸枝，对于强旺枝要先进行极重短截，缓和后再甩放。对甩放枝上萌发的枝条要疏除或极重短截进行控制，防止枝条加粗过快，后部光秃。必要的时候要进行化控，保证春梢长于秋梢。

对于鞭竿形结果枝组，要及时进行回缩更新，恢复枝势，防止结果过多，导致果实品质下降。

图7-2　甩放不剪，自然长

图7-3　中心干分枝少，枝条分布不均

图7-4　强旺枝条甩放，加粗过快

三、骨干枝处理不当

（一）竞争枝处理不当，造成主次不分

竞争枝处理不当，造成主次不分，见图7-5。对竞争枝疏除或极重短截，不要将竞争枝拉平做主枝。

图7-5　竞争枝处理不当，造成主次不分

（二）主枝分布不均，长势不均衡

对中心干不进行短截、摘心和促发分枝，放任生长，中心干上萌发枝条分布不均，长势失衡，树形紊乱。

通过对中心干短截、摘心和促发分枝，使主枝分层或螺旋式均匀分布在中心干上，对于强旺枝极重短截控制其长势。粗度超过中心干1/3的枝进行回缩，保持与中心干的极差。

主干以下的枝条尽早疏除，否则扰乱树形，影响通风透光（图7-6）。

图7-6　保留过低主枝，扰乱树形

（三）树体上部枝条不进行控制，造成上强

树体上部直立枝、轮生枝选留过多，主枝粗大，造成树体上强（图7-7）。

从幼树整形开始，中心干上多促生分枝，调节各主枝的长势，下层主枝要长于上部主枝，上部主枝间距略大，并且保留单轴延伸。

对于已发生上强的树，应控制上部枝条长势，逐步缩减、疏除直立枝、强旺枝和轮生枝，以水平偏弱的枝条作为带头枝，所有上部主枝上不再留侧生分枝。同时对基部主枝进行短截复壮，逐步调整为树体上小下大。

图7-7　上部留枝过多，树体上强

四、疏大枝方法不当，伤口愈合不良

常见疏大枝留短桩，伤口不保护，导致死桩，主干腐烂等情况（图7-8）。

疏枝要顺着枝条方向，贴近着生部位，使伤口尽量小，不要留没有明芽或分枝的短桩，疏除后及时涂抹伤口愈合剂保护伤口。

疏除大枝尽量在结果后进行，伤口愈合速度快。不要在冬季疏除大枝，此外逐年疏除，不要对口疏枝。

图7-8　大枝疏除留短桩，造成烂枝

主要参考文献

段续伟，李明，谭钺，等，2019. 新中国果树科学研究70年—樱桃[J]. 果树学报，36(10): 1339-1351.

吴禄平，吕德国，刘国成，等，2003. 甜樱桃无公害生产技术[M]. 北京：中国农业出版社.

张开春，潘凤荣，孙玉刚，等，2015. 甜樱桃优新品种及配套栽培技术彩色图说[M]. 北京：中国农业出版社.

张晓明，张开春，闫国华，等，2013. 图解樱桃良种良法[M]. 北京：科学技术文献出版社.

L Long, G Lang, S Musacchi, et al., 2015. PNW-667-cherry training systems [M]. Washington: Pacific Northwest Extension Publications.